JN440790

최신

영상조명기술

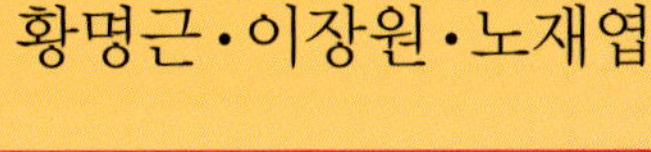
황명근·이장원·노재엽 공저

차세대LED조명기술인력양성센터
LED Lighting Technology Education Center

도서출판 아진

**"내가 가는 길을 그가 아시나니 그가 나를 단련하신 후에는
내가 순금 같이 되어 나오리라 (욥23 : 10)"**

인사말

조명은 인간이 삶을 영위해 나아가는데 있어서 반드시 필요한 도구로서 그 시대의 기술 수준과 시대적 요구에 따라 큰 발전을 해 왔습니다. 과거 등화시대에 단순히 불을 밝히는 것에서부터 현재의 인간이 건강하고 쾌적한 삶, 아름다움을 창조하는 수단으로까지 또는 고효율 및 친환경적인 요구까지 조명에 대한 시대적 요구는 다양하고 광범위하게 변화하고 있으며 이를 충족시킬 수 있는 새로운 융·복합 IT-조명기술과 신광원에 대한 관심도 크게 높아지고 있습니다.

최근의 에너지절약과 환경문제에 대한 이슈가 크게 대두되면서 LED 조명을 중심으로 한 새로운 광원(LED, OLED 등)의 기술수요가 증가될 것으로 예상되고 있고 각 기업에서는 LED조명에 대한 기술경쟁력 향상을 위한 융·복합 학문에 대한 전문 기술 인력을 필요로 하고 있습니다.

세계적으로 국가와 기업의 핵심 경쟁의 원천이 量 위주의 인력(Man Power)에서 質 위주의 인력(Human Resource)으로 그 중요성이 전환되고 있는 시점입니다. 우리는 기존 조명산업의 경쟁력을 유지하면서 새로운 LED기술의 빠른 변화에 대응하여 LED조명기술을 발전시켜야 할 것입니다. 이를 위해서는 그 기술의 주체가 되는 기술 인력에 대한 전문화가 우선적으로 이루어져야 하며 이를 위한 다양한 전문 교육과정의 개발과 제반시설 등의 교육 인프라 확충이 필요로 합니다.

한국조명연구원 「차세대 LED조명기술인력양성센터」 에서는 2008년부터 정부의 지원사업으로 산·학·연관 전문가 네트워크의 활용을 통한 LED epi·chip, Package·Module, Lighting application 등 LED분야별 기업 맞춤형 LED조명 교육을 실시하고 있습니다.

다양한 LED응용기술과 분야별 핵심기술 정보를 산업인력에게 제공함으로써 기업의 기술역량을 한층 강화하고 국내 조명산업이 LED조명을 중심으로 한 새로운 산업으로 도약되기를 기대합니다.

2010년 7월

한국조명연구원 차세대LED조명기술인력양성센터

저자 황 명 근

목 차

| 제1장 |

조명을 위한 전기 공학

제1절 빛의 측정 및 특성

빛에너지의 전기적 에너지 전화에서 전자파인 파장(nm)의 영역에서는 강한 전파, 약한 전파를 몇 kW, 몇 mW 등 그에 적합한 방법에 의해서 정량적으로 측정되고 있다. 광학의 분야에서는 파장범위에 따라서는 인간의 눈에 의해서도 알 수 있다. 즉 우리의 눈이 분별 가능한 가시광선의 범위에서의 빛을 측정하는 데에는 여러 가지 단위가 필요하다. 따라서 빛을 측정하는 단위를 알아보도록 하겠다.

1. 광도(Luminous Intensity)

빛의 세기를 나타내는 기본단위로서 광도는 광원으로부터 한 방향으로 광속이 모이는 모양을 말한다. 즉 광속의 밀도가 그 방향의 밝기이며, 이 밝은 정도를 광도라고 한다. 또한 1초 동안에 받는 광도의 양을 광도에너지(Luminous Intensity)라고 한다. 광도의 단위는 칸델라(candela) 라고 부르고, 표기법은 Cd, 기호는 I로 한다.

1.1 코사인 법칙(Cosine Law)

표면과 입사광선간에 각이 이루어질 때, 같은 양의 빛은 수직일 때보다도 더 넓은 지역으로 확산되며 따라서 그 광선의 밝기는 감소되게 된다.

광도(Illumination : I) = Distance^2 (거리)/Lumens(광속) × Cosθ

1.2 광속(Luminous Flux)

광속은 광원에서 방사하는 에너지의 흐름 중에서 우리 눈에 보이는 빛의 흐름이다. 즉 광도 1Cd의 광원이 단위 입체각에 방사하는 빛으로 단위를 루멘(Lumen)이라 부르고 표기는 lm, 기호는 F로 한다. 램프의 효율을 나타내는데 그 광속을 전력으로 나눈 lm/W로 표시한다. 따라서 1W당의 전력으로 몇 lm의 광량을 얻을 수 있는가를 비교할 때 편리하다.

1.3 조도(Illuminance)

조도는 빛이 물체에 닿는 단위면적 당 입사하는 광속의 면적밀도를 말한다. 조도의 단위는 룩스(lux)로 부르고, 표기는 lx(영국과 미국에서는 Feet Candela, Ft-Cd로 표기), 기호는 E이다. lm^2의 면적에 1루멘(lm)의 광속이 입사하면 그 면의 조도는 1lx이다. 조도에는 수평면조도 (Horizontal Illuminance), 수직면조도(Vertical Illuminance), 법선면조도(Normal Illuminance)가 있다. 아래의 그림을 보면, 카메라의 광축방향에서 보면 a-b면 상의 조도를 수평면조도, c-d면, e-f면 상의 조도를 법선면조도이라고 한다. TV의 경우는 배우가 카메라를 향한 때의 얼굴 면은 100~1500lx, 옥외의 직사일광 하에서는 9만lx 정도가 적당하다.

광속을 F(lm)이라 하면 면적 S에 비치는 조도 E는 E= FS (lm/m^2) lx이다.

따라서 1m^2의 평면에 균일한 1lm의 광속이 닿을 때 평면의 조도를 1lx라고 한다.

(1) 카메라의 조리개 수치에 따른 조도비율

표 1-0 TV 카메라(2mlx-S/N: 40dB의 칼라)

조리개(Iris)	F2	F2.8	F4	F5.6
조도(lx)	375	750	1,500	3,000

(2) 영화필름 노출에 따른 조도비율

표 1-1 Film(ASA160의 칼라필름)

노출시간(S)	F2	F2.8	F4	F5.6
1/50	300	600	1,200	2,400
1/100	600	1,200	2,400	4,800

(3) 태양광선의 조도

장소	조도(lx)	장소	조도(lx)
직사광선의 지면위 (여름)	100,000	맑은 날의 북쪽의 창가	2,000
약간 흐린날 (여름)	30,000~50,000	밝은 방 (맑은 날)	200~500
몹시 흐린날 (여름)	0,000~20,000	독서에 적당한 밝음	200~500

1.4 휘도

광원을 보면 그 면이 빛나 보이고 비춰지는 면을 보거나 또는 반투명한 것을 반대쪽에서 보아도 눈이 부시게 보인다. 이와 같은 밝음을 휘도라고 하며 휘도는 눈에서 광원까지의 거리에는 관계가 없고 사람이 물체를 인식하고 판별할 수 있는 것은 물체면의 휘도차이가 있기 때문이다. 만약 휘도가 고르면 모든 물체는 똑같이 보인다. 휘도의 단위는 니트(Nit)이며 nt로 표기한다.

TV 카메라로 피사체를 촬영, 광전변환에 의해서 브라운관에 영상이 재현되는 경우의 밝기는 조도가 아니고 휘도에 비례한다. 따라서 조명에서도 조도보다는 휘도에 더 관심을 가질 필요가 있다. 스튜디오 조명에서 피사체를 인물의 조명을 중심으로 할 때 실제 휘도와 조도와의 관계는 다음 식으로 나타낼 수 있으며 이것이 비교적 근사치에 가깝다.

$$L = \frac{E\beta}{4}$$

여기서, L=휘도, E=조도, β=피사체의 반사율

즉 휘도는 조도에 비례하지만 같은 조도 하에서도 피사체의 반사율에 따라 휘도의 값은 달라질 수 있다. 따라서 반사율이 높은 쪽이 휘도도 높아지게 되는데 텔레비전 조명을 휘도 설계에 의한 조명이라는 것도 이러한 원인에 기인하기 때문이다.

또 피사체의 방향에 따라 휘도의 값이 달라지는데 그것을 식으로 표시하면 다음과 같다.

$$L = \frac{F}{dA\cos\alpha}$$

여기서, L=휘도, F=광속, α=광원의 방향과 보는 각도

그리고 휘도의 단위로는 nt외에 스틸브(Stillb:sb cd/cm^2), 라는 단위로 사용되고 있다.

1.5 측광도에 의한 표기법

명 칭	단 위	표 기	기 호	
광 도	Candela	Cd	I	lm/st
광 속	Lumen	lm	F	
조 도	Lux or Feet Candela	lx or ft-Cd	E	lm/m^2 lm/ft^2
휘 도	Nit or Stilb	nt or Sb	L	Cd/m^2 Cd/cm^2

1.6 연색성

형광등이나 방전등에는 빛 중에 포함되어 있는 성분(분광에너지)이 특정 부분만 강한 경우가 있고 이렇게 한 빛을 사용하면 색재현이 나쁘게 된다. 때로는 특정색이 전부 없어져버리는 수가 있다. 고속도로의 터널 중에 적색계통의 색이 없어져서 회색으로만 보이거나 생선, 식료품의 신선도가 떨어져 보이지 않도록 조명으로 백열등이 많이 쓰이는 것은 그 예이다. 이와 같이 조명등에 의해서 물체를 보는 방법에 영향을 미치는 성질을 연색성으로 한다. 연색평가지수는 물체 본래의 색이 이상적으로 재현되는 광원을 100이라고 하여, 각 광원에 의해 색을 보는 방법을 수치화한 것이다. TV카메라에 의한 색재현은 광원의 연색성에 영향을 받기 때문에 조명에 한하여 광원의 특징을 파악하고, 연색성이 좋은 광원이 요구된다. 연색성이 좋은 광원이 요구된다. 연색성 100의 광원이란 태양이나 백열전구와 같이 매끄러운 스펙터클 분광특성을 갖는 것으로, 수은등이나 나트륨등처럼 선스펙트클을 갖는 광원은 물체의 색이 부자연스럽게 보여 연색성이 나쁘다. 충실한 색재현을 하기 위해서 TV 조명에 필요한 평균 연색평가지수는 85이상이다.

제2장

방송용 조명 등기구와 설비

제1절 스튜디오용 조명기구

1. 프레넬 스포트 라이트(Fresnel Spot light)

스튜디오용 조명기구는 텅스텐 램프(1kW, 2kW, 5kW)를 사용한다. 일반적으로 프레넬(Fresnel)은 솔라(Solar)등으로 불리고 있으며, 스튜디오 조명장비로 가장 많이 사용되고 있다.

또한 종류도 다양하여 500W/1kW 프레넬 스포트 라이트는 주로 대담 및 뉴스 프로그램 등의 필라이트와 키라이트로 사용되고, 2kW/3kW 프레넬 스포트 라이트는 드라마 프로그램과 대형 프로그램의 키라이트로 사용된다. 그리고 대용량의 5kW/10kW 스포트라이트는 야외 로케이션용 조명등기구로도 사용되고 있다.

1.1 1kW 프레넬 스포트 라이트

거리	3m		5m		10m		15m	
조도/빔직경	Lux	Φ	Lux	Φ	Lux	Φ	Lux	Φ
Studio 1kW (Spot 12.3°)	10,000	0.6	3,600	1	900	2.1	400	3.2
Studio 1kW (Flood 58.2°)	1,560	3.3	560	5.6	140	11.1	60	16.7

그림 2-1 Strand Lighting 1KW Quartz Halogen Studio Fresnels

보통 Baby, ACE, 750W로 알려져 왔으며, 조명기 몸체가 작아서 녹화현장의 좁은 공간에서 활용하기 편리하다. 특히 드라마 세트의 작은 방 등의 키라이트 또는 백라이트로 사용하고 대담 프로그램 등에서 키라이트 또는 필라이트로 사용한다.

1.2 2kW 프레넬 스포트 라이트

주로 듀스(Deuce) 또는 주니어(Junior)라고 알려져 왔으며, 빔을 사용하지 않고도 1개의 피사체에 충분한 노출을 얻을 수 있다. 드라마 프로그램, 대형 프로그램의 키라이트로 사용된다.

거리	3m		5m		10m		15m	
조도/빔직경	Lux	Φ	Lux	Φ	Lux	Φ	Lux	Φ
Studio 2kW (Spot 11°)	35,110	0.6	12,640	0.9	3,160	2.1	1,400	2.9
Studio 2kW (Flood 57.8°)	5,110	3.3	1,840	5.5	460	11.1	200	16.5

그림 2-2 Strand Lighting 2KW Quartz Halogen Studio Fresnels

1.3 5kW 프레넬 스포트 라이트

스튜디오 또는 야외 로케이션용으로 사용되고 있으며, 중형정도의 스튜디오 세트의 키라이트로 많이 사용된다. 5kW 프레넬 스포트라이트는 일반적으로 대형 조명의 역할을 하며 10kW 조명기에 대해서는 필라이트로 사용되어지며 Senior 조명기로 불리운다.

거리	3m		5m		10m		15m	
조도/빔직경	Lux	Φ	Lux	Φ	Lux	Φ	Lux	Φ
Studio 5kW (Spot 12°)	19,960	1	4,990	2.1	2,220	3.1	1,250	4.2
Studio 5kW (Flood 63.2°)	3,280	6.1	820	12.3	360	18.5	200	24.6

그림 2-3 Strand Lighting 5KW Quartz Halogen Studio Fresnels

1.4 10kW 프레넬 스포트라이트

스튜디오용 10kW 프레넬 스포트라이트는 텐너(Tenner)라고 부른다. 스튜디오에서는 20인치 프레넬 렌즈를 사용하고, 야외 로케이션용 10kW는 24인치 렌즈를 사용하여 Big Eye Tenner라고 부르며 특수한 목적으로 사용된다.

거리	3m		5m		10m		15m	
조도/빔직경	Lux	Φ	Lux	Φ	Lux	Φ	Lux	Φ
Studio 10kW (Spot 13.5°)	8,540	2.3	3,800	3.5	2,130	4.7	1,370	5.9
Studio 10kW (Flood 51.5°)	1,560	9.6	690	14.5	390	19.3	250	24

그림 2-4 Strand Lighting 10KW Bambino Fresnels

2. Flat Light

Flat Light는 고른 조도를 주기 위한 조명기구로 드라마의 경우 Key Light, Back Light, Fill Light등으로 피사체를 비추고 한 다음 전반적인 고른 광량을 줌으로서 TV 카메라가 필요로 하는 정도의 빛을 주기 위한 기구이다.

2.1 Soft Light(8kW, 4kW, 2kW)

스튜디오 소프트라이트는 사각형 모양의 조명기 내부에 한 개 또는 여러 개의 FCM1000W 램프를 장착하여 불규칙적인 모양의 흰색 반사체에 빛을 반사시켜 부드러운 광질을 얻고 있다. 따라서 드라마 프로그램의 실내 베이스 라이트로 적당하고, 조명기 전면에 필터 마스크를 끼우면 빛이 더욱 부드러우며 쇼프로그램에서 무대바닥 전체를 고르게 칼라링 하려면 칼러 필터를 끼워 사용하면 적당하다. 작은 것은 1kW 스튜디오 소프트라이트부터 8개의 각개 스위치가 달린 대형 8kW 소프트라이트가 있다.

■ 소프트라이트의 특징

① 소모 전력에 비해 출력광이 극도로 비효율적이다.

② 이동하기가 번거롭고 어려운 구조로 되어있다.

③ 모든 소프트라이트와 마찬가지로 광도를 조절하기가 어렵다.

④ 큰 면적의 반사체가 부드러운 광질을 만드는 반면에 불규칙한 반사체 표면으로 인하여 다소 깨끗하지 못한 광을 만든다. 따라서 근접 촬영시 확산필터(Lee#216, 우유빛 필터)를 끼워서 사용하며, 대형 스튜디오에서는 216번 확산필터를 끼운 커다란 프레임을 통해서 부드러운 확산광을 만드는 것이 가장 손쉬운 방법이다. 악세서리는 빛가리개를 장착하여 빛의 차단과 방향을 조절할 수 있다.

거리	4m		5m		6m		7m		8m	
조도/빔직경	Lux	Φ	Lux	Φ	Lux	Φ	Lux	Φ	Lux	Φ
Arturo2.5kW	1,562	9.36	1,000	11.07	624	14.0	310	16.4	320	18.7
거리	6m		7m		8m		9m		10m	
Arturo 5kW	1,216	13.24	892	15.83	683	20.85	540	23.45	437	26.0

그림 2-5 Strand Lighting Arturo Soft Light 2.5kW/5kW

2.2 형광 소프트 라이트(Fluorescent Soft Light)

스튜디오에서도 사용되고, 야외 로케이션용으로 사용된다. 조명기 구조는 정사각형의 내부에 2개 또는 6개의 형광등(120V, 230V)을 장착되어있고, 아래 Videolux 소프트 라이트와 같이 플리커 현상을 방지할 수 있도록 일렉트릭 발라스트(Electric Ballast)가 내장되어 있다. 또한 DMX 전송신호로 조명기 광도를 조절할 수 있는 장점이 있다. 일반 형광등으로 조명이된 환경에서 녹화작업을 할 때 정면 필라이트로 가장 일반적으로 사용된다. 이것은 기존 형광등 조명에서 색온도가 일치하므로 빠른 시간내에 작업에 임할 수 있고, 필라이트 목적과 동시에 주위 공간을 부드럽게 채우는 역할을 한다. 그리고 일반 소프트라이트로 형광등 필터를 사용할 때는 카메라에서 화이트 발란스를 보거나 실험적으로 비디오의 녹색성분을 빼고 테스트해보고 촬영에 임하는 것이 좋다.

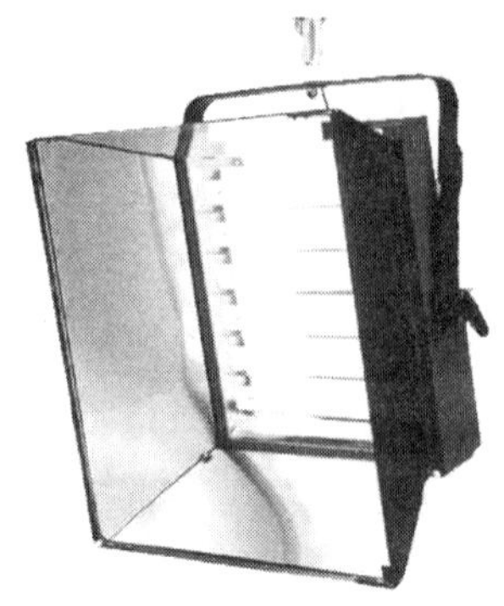

그림 2-6 Strand Lighting Videolux 216DMX

2.3 브로드 소프트 라이트(Broad Soft Light)

조명기 무게가 가볍고, 소형이어서 휴대용으로 로케이션 촬영용에 편리하고, 스튜디오 드라마 조명의 베이스 라이트(Base Light)로 가장 많이 사용된다. 조명기 구조는 사각형의 몸체 프레임안에 직관램프가 장착되었다. 또한 반사경과 전면에 확산필터 부착되어있고, 빛가리개(Barndoor)를 부착할 수 있다. 빛이 부드럽다.

그림 2-7 Strand Lighting IADI

2.4 호리존트 라이트(Horizont Light)

스튜디오 세트의 배경 막을 비추기 위한 조명기구로 배경 막 상부에서 아래쪽 면을 비추는 Upper Horizont Light(반사경이 아래면 쪽으로 경사진 구조)하고 배경 막 하부에서 위쪽 면을 비추는 Lower Horizont Light(반사경이 윗면 쪽으로 경사진 구조)라고 부른다. 영국과 미국에서는 싸이크로라마 라이트(Cycrorama Light)라고 부른다. 스튜디오에서는 칼라링(Coloring)하기 위해서 Red, Green, Blue, White 순으로 배열로 연속적으로 달려있다.

그림 2-8 Strand Lighting IRIS4 1250W Cyclight-Upper Horizont Light

그림 2-9 Strand Lighting ORION 1250W Groundlow-Lower Horizont Light

제2절 야외용 조명기구 (Location Lighting Instrument)

야외용 조명기구는 이동과 휴대가 편리해야 하기 때문에 조명기 무게가 가볍고, 소형이어야 하며 AC/DC겸용 전원을 사용할 수 있어야 한다. 또한 이동할 시 조명기 손상을 입을 경우가 있기 때문에 조명기가 견고해야 한다. 대부분 렌즈가 없고, 씰드빔형으로 되어 있고 많은 조명기를 휴대하고 다니기가 불편하기 때문에 Focus in-out이 되어 스포트용, 필라이트용으로 겸용하여 쓸 수 있는 구조로 되어 있다. 요즘은 조명기, 스탠드, 반도어, 스크림세트 등을 넣을 수 있는 케이스로 된 Kit로 들고 다니기 쉽게 세트로 제작되어진 것이 많다.

1. 휴대용 비디오 라이트(Video Light)

조명기가 소형 경량화로 휴대용으로 야외 촬영 시 유용하게 활용할 수 있는 조명기이다. 주로 스크림 세트(Scrim Sets), 빛가리개(Barndoor), 스탠드, 칼라 프레임(Color Frame)그립(Grip) 악세서리등이 포함되어 세트 키트(Set Kits)로 휴대용 가방(Carry Case)에 넣고 다니게 되어 있다. AC전용 Blonde(Strand Lighting) 조명기 세트는 300W- 2000W까지 다양하며, 드라마 프로그램 촬영 시 좁은 세트 공간에서 유용하게 활용할 수 있고, 야외 촬영 시 ENG/EFP카메라 촬영 시 세트 조명에 적합하다.

그림 2-10 Redhead 4Kit/Blonde Kit - Strand Lighting

2. 칼라 빔(Color Beam)

그림 2-11 Pulsar - Strand Lighting

등기구의 외관이 내열성 유리섬유(Glass Fiber)로 제작되어 내구성과 열에 강하다. AC전압 전용으로 빔의 초점조절이 가능하며, 650W/240V 전원을 사용하고, 빔각도는 27°~70° 까지 조절 가능하다.

KIT세트에는 스크림세트, "Daylight" Dichroic 필터, 핸드그립(Handgrip), 스탠드 등이 포함되어 있다.

3. 미니 블루트 라이트(Mini Blute Light)

고능률로 먼거리 조명에 적합하다. AC전원 전용으로 씰드빔타입의 램프를 사용한다. 주로 2구에서 8구 조명기가 많이 사용된다. 캘빈도가 5600° K는 야외용으로, 캘빈도가 3400° K는 실내용으로 많이 사용된다.

4. HMI 조명등기구

영화조명에서 널리 사용되고 있고, 색온도(5600K°)가 높아 Day Light Type으로 사용된다. 스포트라이트용 HMI조명기와 팔로우 스포트용 HMI 조명기, 야외 촬영용 HMI 조명기로 분류될 수 있다. HMI 조명기는 높은 조광출력으로 일렉트릭 발라스트 또는 마그네틱 발라스트가 필요하며, 플리커 현상이 일어나기 때문에 발라스트로 조절해주어야 한다. 스튜디오용으로는 HMI 575W/1.2kW/2.5kW/4kW을 사용하며, 야외 로케이션용으로는 HMI 200W를 많이 사용한다.

그림 2-12 Stand Lighting-HMI 575W Daylight Fresnels

그림 2-13 Stand Lighting-HMI 200W Daylight Fresnels

제3절 방송용 조명기구의 악세서리

방송용 조명기구의 악세서리는 다양하다. 또한 대부분이 무대조명기구의 악세서리와 중복되는 부분은 무대조명기구의 악세서리를 참조하면 된다.

1. 클램프 행거(Clamp Hanger)

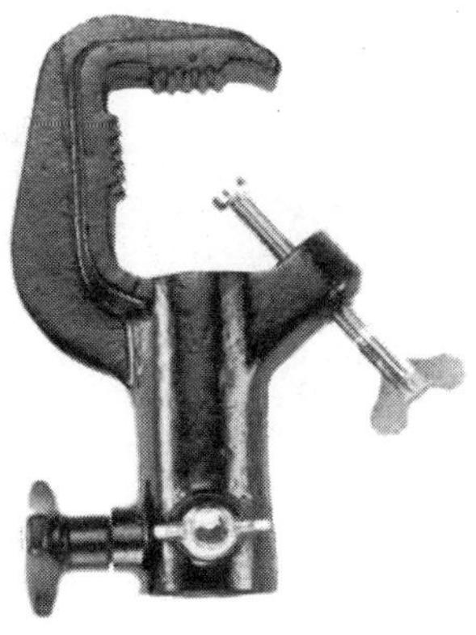

그림 2-14 Clamp Hanger

조명등기구를 조명바톤에 매다는 사용되는 악세서리로 무대조명에서는 보통 C-Clamp 라고 부른다.

2. 게퍼 그립(Gaffer Grip)

그림 2-15 Gaffer Grip

집게 모양으로 생긴 악세서리로 조명등기구를 숨겨서 매달 때 또는 세트에 매달 때 쓰인다.

3. 핸드 그립(Hand Grip)

그림 2-16 Hand Grip

소형 조명등기구의 손잡이로 사용되며 야외 촬영 또는 인물의 집중조명을 주기위한 Eye Light등 움직임이 많을 때 사용하는 악세서리이다.

4. 라이트스코프 행거(Lightscope Hanger)

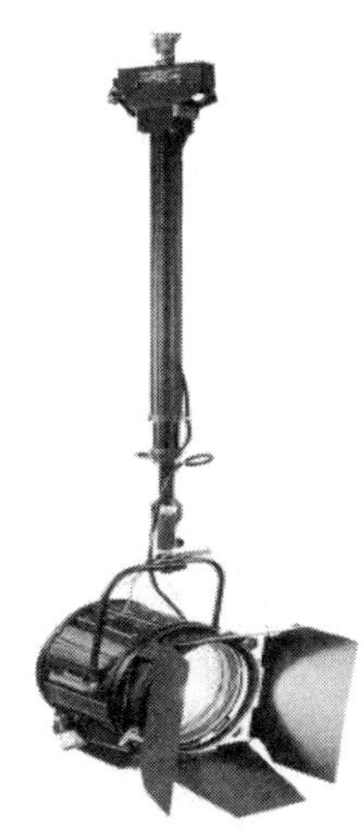

그림 2-17 Lightscope Hanger

라이트스코프 행거는 조명바톤(Light Batten)이 스튜디오 바닥면으로 더 이상 못 내려오는 시스템으로 된 스튜디오 조명시설에서 조명등기구를 바닥면에 더 내리기 위한 악세서리이다.

5. 조명조정봉

조명 조정봉은 스튜디오 조명등기구가 바텐에 높이 매달린 상태에서 조명기구의 조광방향을 상하좌우 조절할 때 사용되는 장대로 스튜디오 조명등기구 외관에 부착된 스피갓(Spigot) 또는 볼 마운트(Ball Mount)에 장대 끝에 부착된 고리로 조정한다.

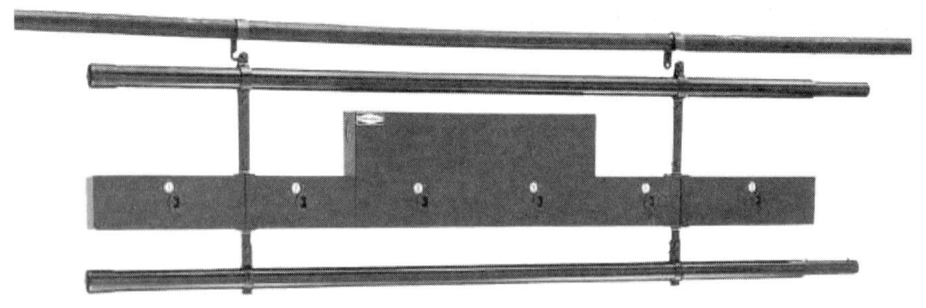

그림 2-18 Light Batten

6. 확장 케이블(Extension Cable & Cord Box)

그림 2-19 Cable & Cord Box

전원과 조명등기구의 거리가 멀리 떨어져 있을 경우 연결선을 확장하여 쓸 수 있도록 연결해주는 선을 말한다.

제4절 조명설비

스튜디오 규모에 따라서 전원의 용량, 회로수, 콘트롤 콘솔의 크기, 조명기구의 종류와 수량 등이 다르기 때문에 이런 것들을 잘 조화시켜서 설치해야만 경비의 절감뿐 만 아니라 프로그램 제작도 원활하게 할 수 있다.

만약, 규모가 작은 스튜디오에 많은 세트를 세워 비좁으면 조명작업 뿐만 아니라 카메라, 마이크 기타 여러 부문에 종사하는 사람들의 행동반경이 좁아져서 좋은 영상의 그림을 잡을 수 없고 잡음도 많을 것이다.

반대로 공개방송을 하는 큰 스튜디오에서 작은 프로를 제작한다고 할 때 방청석은 넓은데 방청객이 적다면 썰렁한 분위기가 감돌고 방청객의 호응도 적을 것이며 비효율적인 공간 활용으로 낭비되는 것이 많을 것이다.

1. 스튜디오 조명설비 시스템

1.1 전원 변압기실

스튜디오에서 사용되는 기구들은 대개 100V의 전압을 사용하는 기구가 많기 때문에 한전에서 고압(약 3,300V)으로 들어온 전력을 강하해서 사용하여야 한다. 그런데 이런 것을 담당하는 곳이 전원변압기실이며 대개 건물의 지하층에 위치하고 변전실이라고도 한다.

1.2 조광기기실

통상 SCR 룸이라 하며, 스튜디오의 기구에 전원을 공급하는 장치로 과거에는 Breaker System이나, 패칭 시스템(Patching System)이였으나 근래에는 컴퓨터시스템으로 되어 부조의 콘트롤 콘솔에서는 전자적인 신호를 보내면 전기적인 동력은 이곳에서 제어를 한다.

1.3 조광조작실

부조정실(부조)이라고도 하며 스튜디오의 플로워보다 높은 뒷면의 상층부에 위치하고 여기에는 조명콘솔이 있어 플로워에 달린 조명기구의 빛을 통제하는 사령탑이다.

또한 이곳에는 조명뿐만 아니라 영상을 만드는 비디오 콘솔(Suitcher), 카메라 아이리스(IRIS)를 조작하는 비디오, 음향을 취급하는 오디오 콘솔 및 레코더(Recorder), 영상과 음성을 수록하는 영상녹음장비(VTR), 자막을 처리하는 영사기(Telechine)등의 기기들이 있으며 이런 장비들은 운용하는 TD, V, LD, 효과맨, VTR맨 등 기술부문의 스탭들과 연출을 담당하는 PD가 있다.

조명에 이용되는 각종 기구들은 플로워에 있으며, 가끔 쓰는 기재들은 별도의 조명창고에서 보관하고 있다.

2. 스튜디오의 조명설비 요건

각 텔레비젼 방송국에서는 대담프로를 진행하는 100-200평방미터 안팎의 작은 스튜디오를 비롯하여 음악 프로 등을 제작하는 1,000평방미터를 넘는 대형스튜디오에 이르기까지 여러 개의 스튜디오가 있다.

각 스튜디오에는 내용에 적합한 기구와 설비가 마련되어있다.

2.1 스튜디오 조명설비의 요건

① 광원의 위치를 임의로 잡을 수 있을 것

② 빛의 방향을 자유로이 결정할 수 있을 것

③ 조명의 변화가 용이할 것

2.2 스튜디오 조명설비의 요건

① 스튜디오의 높이 : 8~12m

② 호리존트(Horizont)의 높이 : 5~9m

③ 그리드(Grid)의 높이 : 7~10m

④ 캣워크(Catwalk)의 높이 : 2m

⑤ 로우 호리존트(Low Horizont)의 높이 : 1~1.2m

⑥ 로우 호리존트의 깊이 : 0.5~0.7m

⑦ Back Batten의 위치 호리죤트로부터 : 0.5~0.7m

⑧ 호리존트 바텐의 위치 호리존트로부터 : 1.5~2.5m

⑨ 일반 바텐의 간격 : 1.5~2m

⑩ 일반 바턴(Batten)의 길이 : 4~6m

2.3 딤머시스템 설비의 요건

① 제작프로그램에 적응하는 조명부하회로를 간단하게 조작되게 할 수 있을 것

② 여러 장면을 프리세트(Pre-Set)할 수 있을 것

③ 장면전환이 용이할 것(예 Fade In - Out, Color Change)

④ 부분적 조명의 조절을 간단히 할 수 있을 것

⑤ 트러블(Trouble) 및 에러(Error)가 없을 것

⑥ 고장이나 오동작시 바로 다른 것으로 전환할 수 있을 것
(생방송대비 Auto-Manual 겸용)

3. TV 스튜디오 벽과 마루

TV 스튜디오는 방음벽으로 둘러싸인 네모난 큰 상자라고 생각하면 쉽게 이해될 것이며 그 속에는 여러 종류의 기구가 설치되어 있다.

이 상자의 2면 내지 3면은 호리존트라는 벽이 설치되어 있고, 그 재질은 합판에 베

또는 종이를 바르고 정해진 명도의 도료를 바른 고정벽으로 되어 있고 마루(Floor)는 TV 카메라나 마이크 붐의 이동이 용이하게 평평하고 이음새가 매끄럽게 염화비닐 계통의 바닥재를 사용하고 색깔은 호리존트 보다 약간 어두운 회색을 사용한다.

3.1 기구걸이 장치

TV 스튜디오에서는 플로워에서 TV 카메라나 마이크 붐등이 자유자재로 움직이게 하기 위하여 되도록 플로워에는 다른 물건들을 놓지 않는다.

그렇기 때문에 조명기구들도 천장의 그리드를 이용하여 위에서부터 매달아서 사용하게 되는데 그 방법이 여러 가지가 있다.

① 직접 매다는 방식(Grid 방식)

천장의 그리드 파이프(Grid Pipe)에 직접 조명기구를 매다는 방식으로 가장 간단한 방법이다. 이 방식은 천장이 낮은 소형 스튜디오에서 사용한다.

② Rail 방식(Slide Rail 방식)

천장의 그리드에 레일을 설치하여 조명바톤이 좌우로 이동하게 만든 것으로 이 방식도 천장이 낮은 소형 스튜디오에서 많이 이용하는 방식이나 그리드 방식보다는 조명조작이 편리하다.

③ 바톤 방식(Batten 방식)

최근 일반적으로 많이 사용하는 방식으로 와이어 로프(Wire Rope)를 전동 드럼에 연결하여 상하로 움직이게 한 승강기 장치이다. 바톤은 목적에 따라 일반 라이트 바톤, 백 라이트 바톤, 호리존트 바톤 등으로 설치한다.

④ 일점 매달기 방식(Granada 방식)

천장의 그리드 파이프의 위치에 레일을 설치하고 그 위에 이동할 수 있는 캐스터를 장치한다. 그리고 이 파이프의 끝에 조명기구들을 매달아 내리거나 올리게 한 방식이다.

| 제3장 |

조명의 실제

제1절 방송조명 기법

1. 빛의 방향에 따른 조명각도 분류

빛의 방향에 따른 조광기법은 방송조명에서 가장 기본이 되는 조명세팅 방법이 된다. 따라서 반드시 숙지해야 하는 중요한 조명기법이다.

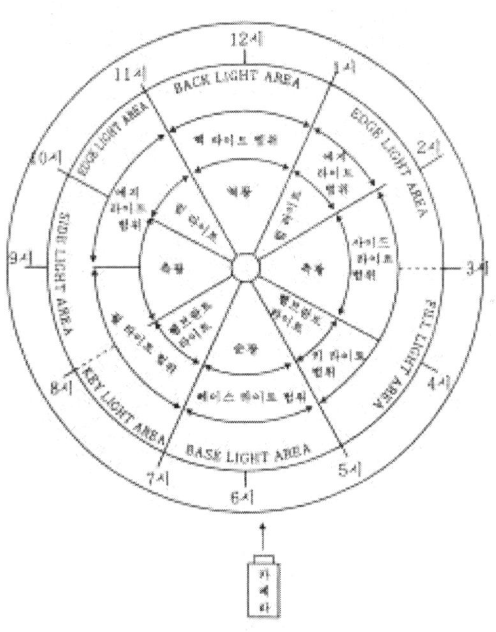

그림 3-1

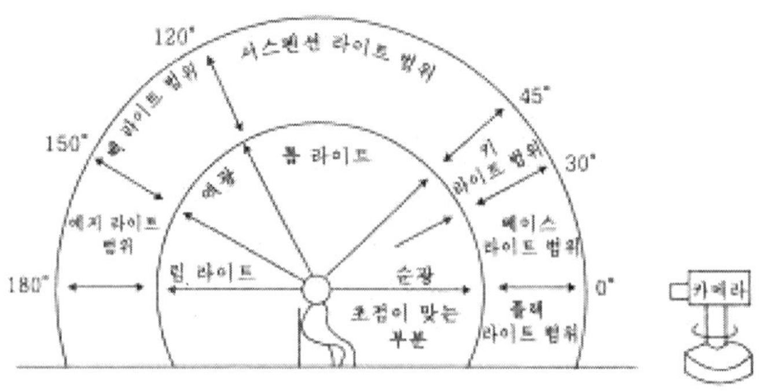

그림 3-2

1.1 순광(Front Light)

그림 3-3

순광은 인물의 정면에서의 빛이기 때문에 콧등의 그림자가 생기지만 가장 효율적으로 필요한 밝기를 얻기 쉽다. 그 반면 평판으로 질감을 얻기 어려운 빛이 된다. 예를 들어, 뉴스 및 여성의 얼굴을 음영을 적게 해 아름답게 할 때 필터를 통과 빛이나 스크림에 반사시킨 부드러운 빛을 순광으로 사용하는 것이 가끔 응용된다.

1.2 램브란트 라이트(Rambrandt Light)

그림 3-4

17세기 네덜란드의 화가인 램브란트 그림의 특징인 "빛과 명암"을 잘 표현하여 경사 45° 방향으로 들어오는 빛을 모든 입체의 특징을 가장 잘 나타내는 방향으로 정하여 그림으로 하였다. 이것을 응용하여 경사 45° 에서의 빛을 램브란트 라이트라고 부른다. 인물의 얼굴 특징을 잘 표현하고, 자연적으로 아름답게 보이게 하는 빛이다. 인물조명의 가장 기본적인 방향의 빛으로 사용된다.

1.3 측광(Side Light)

그림 3-5

피사체의 측면을 밝게 하고 질감(입체감)을 살린다. 측광은 음영이 강하게 나타나고, 강한 콘트라스트로 강렬한 인상을 만들며 인물의 개성적인 표정을 만들 수 있다. 좌우 어느 한 방향으로 사용되는 경우가 많다.

1.4 림라이트(Rim Light)

그림 3-6

반역광적인 빛으로 그림자 부분이 많고, 밝은 부분이 적다. 부분적인 입체감을 나타내기 쉬운 반면 피사체의 성격을 표현하는 것도 부분적으로 되기 쉽다. 스튜디오 조명에서는 입체감을 강조할 때나 머리카락의 상세함을 나타내는 빛으로 자주 사용된다.

1.5 역광(Back Light)

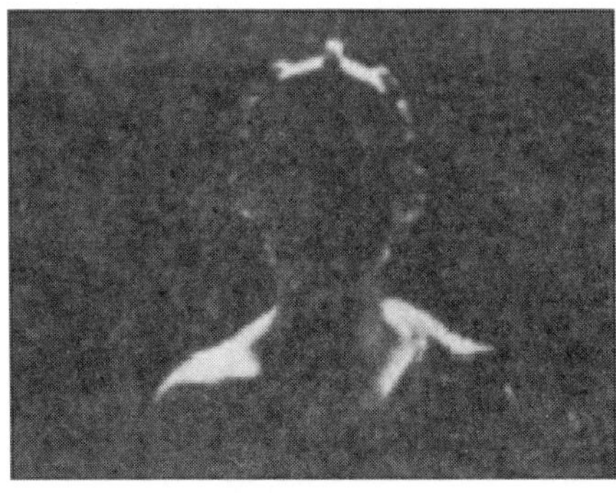

그림 3-7

역광은 뒷면으로부터의 빛으로 인물의 등, 머리카락을 비추어 입체감을 강조하고 배경에서 인물을 떠오르게 한다. 머리카락도 역광이 없으면 검은색 일색으로 보이지 않게 되는 수가 많다.

1.6 톱라이트(Top Light)

인물의 바로 위에서의 빛으로 그림자의 흐름 방향에서 업사이즈에는 맞지 않는 방향의 빛이다. 주로 무엇인가 특별한 의도를 갖고 사용하거나 고민에 가득찬 분위기를 조명하여 그 인물의 마음을 표현해야 한다든가 고독감을 표현하면서 다음의 변화를 기대하게 하는 조명이다. 통상인물에는 따로 표정을 아름답게 보이기보다는 특별한 영상표현을 하는 등의 목적에 사용된다.

그림 3-8

1.7 언더 라이트(Under Light) 또는 아오리

그림 3-9

인물턱 아래 그림자를 부드럽게 하고 얼굴을 단조롭고 아름답게 보이는데 사용된다. 이 방향에서의 빛을 강조하는 경우는 특히 기이한 인상을 구하는 경우가 많으나, 춤 등에 사용되는 풋(foot)라이트나 드라마에서 괴기장면이나 유령장면에 Blue Filter를 병용하여 조명하면 효과적이다.

2. 조명기법의 분류

2.1 베이스라이트(Base Light)

전체를 평균적으로 밝게 하거나 강한 콘트라스트를 부드럽게 하는데 사용된다. 따라서 인물, 배경을 포함하여 전체에 균등한 밝기를 주는 확산조명이다. 수평각은 2대 이상의 조명등기구로 전면 및 측면을 고루 비쳐주면 되고, 수직각은 가능한 한 피사체 높이까지 내려올수록 유리하다.

2.2 키라이트(Key Light)

인물조명의 주광원이다. 키라이트의 위치를 결정하는 것은 인물 얼굴의 조형, 머리 형태, 세트의 배치, 오디오의 수음방법, 조명설비 조건 등의 요소에 의존한다. 일반적인 인물 조명 시 수직각은 목에 생기는 턱의 그림자의 깊이를 결정하고, 수평각은 어깨에 생기는 목의 그림자의 길이를 결정한다. 보통 키라이트의 위치는 얼굴정면에서 수평각 30° ±10° 이고, 수직각은 30° ~45° 가 적합하다.

■ **키라이트 조명시 유의사항**

① 키라이트는 목적한 피사체에만 비치고 카메라 앵글 내 다른 어떤 것에도 닿지 않도록 해야 한다.

② 한 인물의 키라이트는 반듯이 하나이고 그림자는 키라이트에 의해서 하나만 생기도록 해야 한다.

③ 키라이트의 위치는 2차원의 화면상에 나타나는 얼굴이 향한 방향(Nose Line)과 교차하는 방향에서 설정하여야 한다. 즉 카메라가 향한 방향 쪽의 볼에 음영을 만들어야 인물의 깊이감과 입체감을 만들 수 있게 된다. 또한 얼굴의 상태를 관찰하여 곡면부분과 평면부분으로 나누어 평면부분의 법선에 평행되지 않도록 주의하면 얼굴이 강한 광선으로 흐릿해지는 것(Halation)을 방지할 수 있다.

④ 키라이트는 가능한 피사체와 먼 곳에 설정해 조도가 거리의 역제곱에 비례하는 것에 대비하여 움직임 시 조도의 변화를 적게 한다.

⑤ 인물의 피부색 변화는 가장 주목되는 것이고 또한 엄격하게 감시되고 있으므로 다른 어떤 조명보다 색온도 관리를 엄격히 해야 한다.

⑥ 가능하면 강한 빛보다는 렘브란트 라이트같은 부드러운 조명을 쓰는 것이 좋다.

2.3 백라이트(Back Light)

인물의 윤곽을 선명하게 하고, 인물의 머리카락에 광택이나 빛남을 주고, 배경에서 인물이 떠오르게 한다. 수평각은 얼굴이 향한 방향(Nose Line)에서 120° ~150° 이며, 120° 보다 적게 하면 가슴표면에까지 빛이 떨어져 목의 그림자나 머리그림자가 가슴에 생겨 불쾌한 화면이 되므로 가능한 한 낮게 하는 것이 좋다. 또한 머리칼의 양이나 색에 따라 필요한 밝기가 크게 달라지므로 항상 조광을 해야 한다.

2.4 필라이트(Fill Light)

키라이트(Key Light)에 의해 생기는 어두운 부분을 수정하기 위한 조명이다. 베이스라이트와 겸용되는 경우가 있다. 수평각은 키라이트에서 약 90° 이고, 수직각은 가능한 한 피사체높이까지 내려올수록 유리하다. 그러나 필라이트로 생기는 그림자를 만들지 않도록 주의해야 하며, 다른 피사체에서 빛이 새어서 영향을 주지 않도록 해야 한다. 주로 대담 프로그램에서 필라이트 조광각도 45° 로 하는 것이 좋다.

2.5 세트라이트(Set Light)

주로 배경이나 전경이 있는 세트(Set)를 밝게 하기 위해서 사용된다.

2.6 터치라이트(Touch Light)

일반적으로 수평선이나 배경 등의 세트를 강조하기 위해서 사용된다.

2.7 호리존트라이트(Horizont Light)

대면적의 호리존트를 균등하게 물들이기 위한 조명으로 색광조명이 되는 경우가 많다.

3. 화면의 톤

화면의 톤이란 화면 내의 명암의 면적 비에서 오는 영상의 상태를 말한다. 화면 안을 밝은 부분과 어두운 부분, 중간부분으로 나누어 각각의 비율에서 다음의 톤으로 분류된다.

3.1 하이키톤(High Key Tone : 밝은 상태)

화면전체에 밝은 부분이 많고 어두운 부분을 적게 한 화면, 홈드라마, 퀴즈프로에서 보인다.

3.2 로우키톤(Low Key Tone : 어두운 상태)

하이키톤과 역으로 화면의 대부분을 어둡게 한 상태로, 밤씬이나 음울한 드라마에서 많이 보인다. 음험하고, 공포, 결의 등의 감정을 얻기 쉽다.

3.3 미디엄키(Medium Key : 평균적인 상태)

밝은 부분, 어두운 부분, 중간부분의 면적이 평균적으로 된 화면이다.

3.4 하드키(Hard Key : 딱딱한 상태)

대부분의 면적을 밝은 부분, 어두운 부분의 차지하는 콘트라스트가 강한 상태이다.

3.5 소프트키(Soft Key : 부드러운 상태)

하드키의 역으로 중간부분이 많고, 부분과 어두운 부분의 경계가 부드럽게 변환하는 상태이다.

3.6 플랫키(Flat Key : 단조로운 상태)

밝은 부분, 어두운 부분의 대비가 약하고, 그림자가 적은 밝은 상태, 무용에 사용된다.

제2절 방송 프로그램 조명기법

1. 대담 및 교양 프로그램 조명

대담 및 교양 프로그램의 연출 의도는 시청자가 이야기에 집중할 수 있도록 자연스럽고 안정된 분위기를 연출해야 한다. 따라서 배경 또는 다른 세트에 시청자의 주의를 돌리게 하는 영상의 미술적인 효과보다는 기술적인 측면을 강조하여 진행자와 좌담하는 사람들이 인물이 제대로 잘 나오고, 대화의 진행이 매끄럽게 진행될 수 있도록 도움을 주는 조명이 필요하다. 기본적으로 조명기법은 다음과 같다.

1.1 인물 1인의 조명기법

인물 1인의 조명은 모든 방송조명의 기본이 된다. 조명은 대화 상대의 표정이 자연적으로 보이고 보고 있는 사람이 대화 상대에게 집중할 수 있는 상태가 좋다. 아래의 그림은 한 사람의 인물조명을 나타낸 것이다.

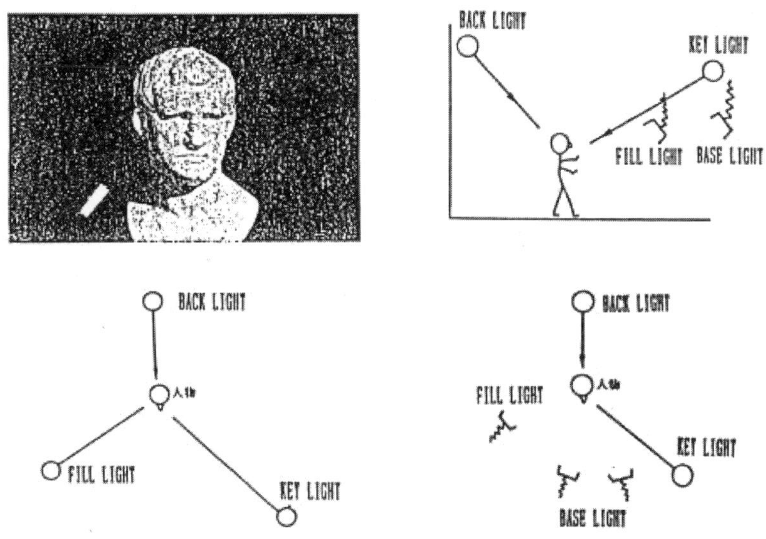

그림 3-10 1인 조명 배치 기준

인물조명은 기본적으로 키라이트, 베이스라이트, 필라이트, 백라이트로 구성되어 있다. 키라이트, 백라이트는 조명기구의 위치가 높고, 베이스 라이트, 필라이트의 조명기구는 비교적 낮은 위치에 설정된다. 통상 키라이트, 백라이트에는 스포트라이트(Fresnel Spotlight)를 사용하고, 베이스라이트. 필라이트에는 플랫라이트(Base Light)가 사용된다.

조명기구의 높이는 특별한 경우를 제외하면 사람의 신장이하가 되지 않는 범위에서 사용하나 백라이트를 낮게 하면 조명등기구의 빛이 직접 카메라의 렌즈에 들어와 Halation의 원인이 되므로 주의해야한다. 인물조명에서는 특히 출연자의 얼굴 생김새, 머리 모양, 의상 등에 따라서도 다르고 또 섬세하게는 여성들의 속눈썹의 그림자라든가, 안경을 착용한 사람의 안경 그림자 내지 안경의 유리면에 비춰지는 빛의 반사 등에도 신경을 써야 한다.

1.2 인물 2-3인의 조명

인물이 2인, 3인으로 많아지면 기본적으로는 1인의 조명 방법을 연장하여 생각하면 된다.

대담 프로그램 조명세팅방법은 플랫조명기구로 베이스 라이트와 필라이트를 대신한다. 키라이트는 2인이 대화하는 노즈라인(Nose Line)의 내측으로 향하고 있어 보고 있는 사람에게 자연스러운 분위기과 안정감을 느끼게 해준다. 주로 대담프로그램에서는 이런 내식 조명 기법이 많이 응용되며 다음과 같은 조명기법을 활용한다.

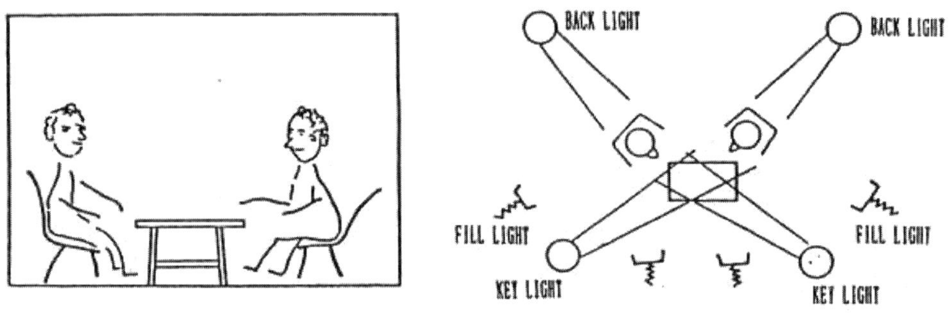

그림 3-11 2인 조명 배치의 기준

① Front Cross Lighting Setting

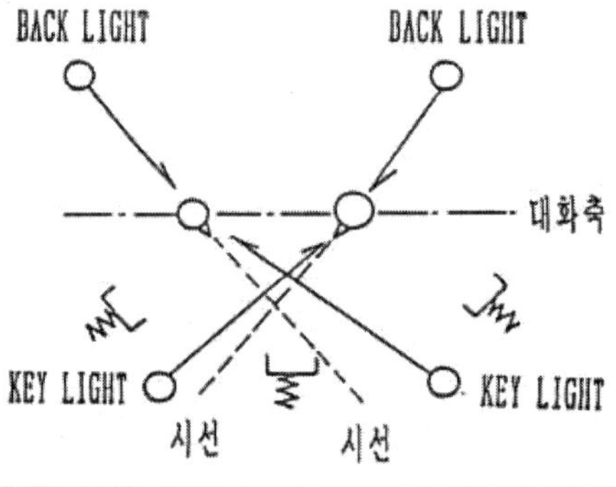

그림 3-12 Front Cross Lighting Set

2명의 출연자의 대화 축을 생각할 때 그 앞쪽에서 주는 내측 조명으로써 가장 일반적인 조명이다.

② Back Cross Lighting Setting

2명의 출연자가 거의 마주보고 대화를 나눌 때 쓰는 조명기법으로 대화 축을 기점으로 뒤에서 키라이트를 주는 방법이다. 백크로스 라이팅 방법 시 조명각도가 너무 높으면 인물의 턱그림자가 길게 생겨 카메라 각도 상에 보기 흉한 화면이 되므로 주의해야 한다.

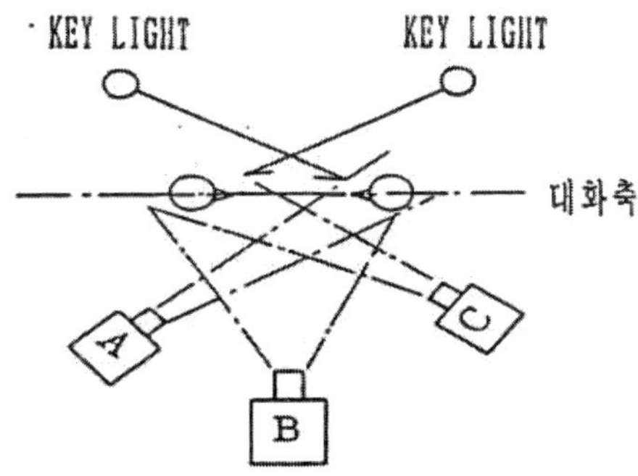

그림 3-13 Back Cross Lighting Set

③ Direct Lighting Setting

직선방향으로 조명을 주는 방법으로 Front Cross Lighting과 Back Cross Lighting을 혼용해서 같이 사용하는 조명기법이다.

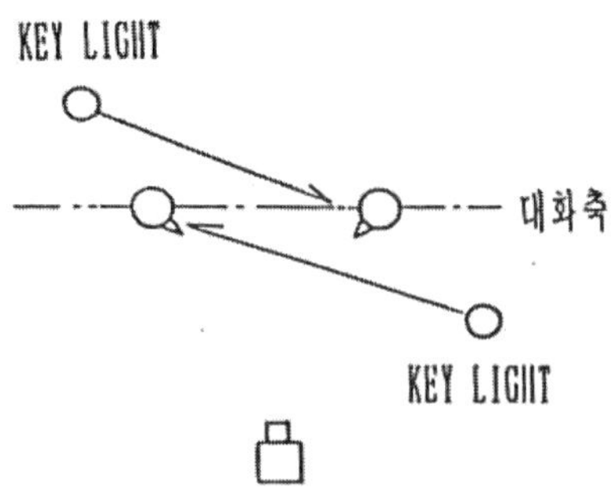

그림 3-14 Direct Lighting Set

1.3 뉴스 프로그램

우리는 매일 TV 뉴스를 본다. 뉴스 프로그램은 시청자에게 시사정보를 전달하는 프로그램이다. 따라서 뉴스 앵커의 말하는 모습과 모든 것이 가장 잘 드러난다. 그래서 위의 기본적인 조명기법을 기본적인 기법으로 하여 응용해야 한다. 보통 뉴스 프로그램의 조명기법은 그림에서 볼 수 있듯이 A지점과 C지점에 있는 카메라가 "OVER Shot"을 잡을 수 있게 하기 위해서 키라이트를 양측의 70° 방향으로 상당히 측면으로 향해 있다. 그러나 B지점에 있는 카메라가 약간 느슨한 쇼트를 촬영하기에는 어색하다. 그러므로 3대의 카메라가 제대로 영상화면을 만들기 위해서는 백라이트(Back Light)의 광폭을 넓혀서 느슨하게 배경막 세트를 비추고, 뉴스앵커 두 사람에게 빛이 가도록 백라이트와 필라이트를 겸용한다. 이 때 남자 앵커에게 떨어지는 전체 조도는 1600룩스(lx)로하고, 여자 앵커는 피부가 희고, 화장을 많이 했기 때문에 남자 앵커에게 떨어지는 전체조도보다 낮게 1500룩스(lx)정도한다. 또한 데스크 및 배경 막 세트의 전체 조도는 600-800룩스(lx)로 해주는 것이 좋다.

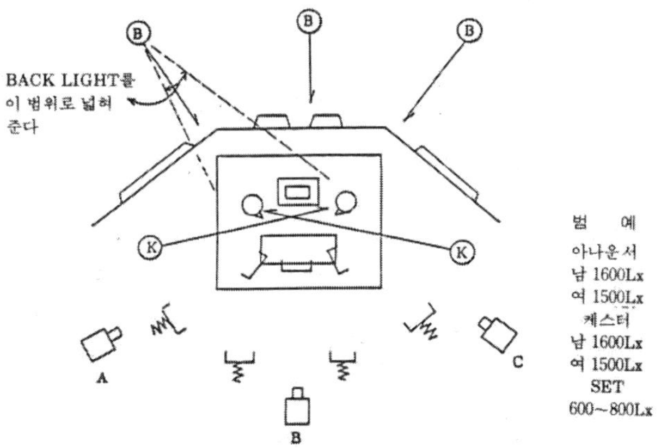

그림 3-15 뉴스 프로그램 조명

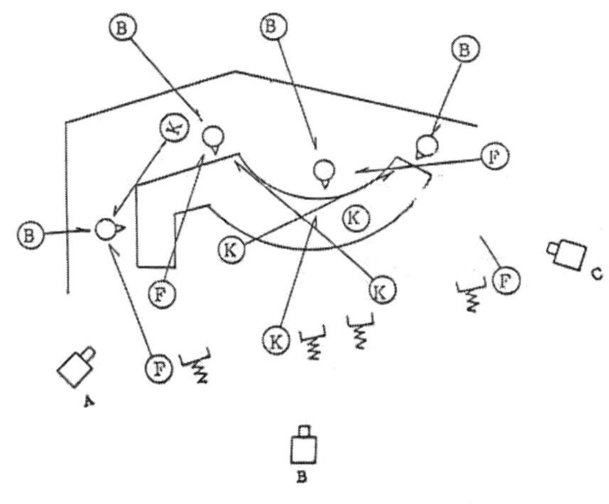

그림 3-16 뉴스 프로그램 조명

2. 음악프로그램의 조명 기법

음악 프로그램은 시청자가 영상을 보면서 음악을 듣는 프로그램이다. 따라서 조명은 음악을 영상으로 표현하기 위한 기법이고 음악을 시각적으로 돋보이게 해야 한다. 또한 음악의 장르도 다양하여 대중가요 프로그램, 콘서트, 클래식(오케스트라, 실내악, 성악), 재즈, 록뮤직, 국악 등 다양하기 때문에 음악 프로그램의 조명을 담당하는 사람은 이런 다양한 음악장르의 음악적 특성을 잘알아야 하고, 음악의 리듬감 또는 느낌을 빛의 리듬, 색감, 조명의 변화 등으로 표현해야 한다. 요즘 대부분의 음악프로그램들은 야외무대에서 생방송과 녹화방송을 하기 때문에 야외 음악조명 방법도 같이 병행하며 음악조명을 익히는 것이 좋다.

2.1 음악 프로그램 조명의 특징

다른 TV프로그램의 비해 음악 프로그램 조명은 창조적인 아이디어가 필요하다. 창조적인 아이디어는 음악이 갖는 이미지와 리듬을 시각화를 말한다. 요즘 음악 프로그램의 조명은 화려하고, 다양한 조명효과 장비들이 사용된다. 그리고 이런 효과는 색조명으로 더욱 화려하게 연출할 수 있다. 따라서 음악 프로그램 조명의 특성은 빛의 움직임 역동적이고, 화려하고, 아름다운 조명, 조명의 변화가 다양하다.

2.2 음악프로그램의 조명설계 및 리허설

① 스튜디오 규모 점검 및 사전 답사(야외 음악프로그램일 경우)

* 무대위치 선정 및 규모 파악
* 조명 트러스(Truss) 설치계획
* 각종 등기구 필요량 산출
* 현장 스케치

② 전체 프로그램에 대한 제작협의

* 연출자에게 프로그램(출연자, 테마, 예산)에 대한 정보
* 미술팀의 세트 규모와 형태에 대한 정보
* 카메라 감독의 카메라 포지션 선정에 대한 정보

③ **조명 디자인 및 계획도 작성**

* 프로그램 테마에 따른 디자인 컨셉
* 조명기 배치도 작성(회로)
* 전체 조도/휘도/색채 설계
* 칼라필터 선정
* 이펙트 장비(무빙라이트/스캔/포그머신/기타 장비)선정 및 프로그램운용 계획 수립
* 페이퍼 워크(Paperwork- 큐시트, 조명기 배치도)작업

④ **조명장비 설치 작업**

* 작업시 각종 안전사고 교육 및 주의사항 전달
* 조명기 매달기 작업
* 이펙트 장비 배치
* 디머 회로 패칭(Patching) 작업
* 조명기 포커싱(Focusing) 작업
* 콘솔 운용 시험 가동

⑤ **리허설**

카메라 없이 전스탭이 대본에 따라 Dry Rehearsal, 카메라 리허설, 마지막 리허설을 할 때 점검되는 사항이다.

* 조명에 완전히 부하 시 각 위상 간 발란스 점검
* 무전 통신망 시스템 점검
* 조명 스탭 회의 및 지시사항 전달
* 녹화 및 생방송시 각종 안전사고 교육 및 비상조치 사항 전달

2.3 조명 세팅 방법

음악 프로그램을 보는 시청자가 TV를 보면서 빛과 영상구도의 조화로 만들어진 영상을 보면서 감동을 받을 수 있는 영상을 만들어야 하기 때문에 음악 조명은 빛을 설계해야 한다.

① 인물조명

음악 프로그램의 키라이트를 순광의 범위뿐만 아니라 측광에 가까운 위치에서 키라이트주는 경우가 이것은 연주자 또는 가수가 좀 더 입체적이고, 생동감 있게 표현하기 위해서이다. 입체적으로 보이는 것 못지않게 인물과 세트간의 심도를 살리는 것도 중요하다. 특히 인물을 바스트 쇼트(Bast Shot) 또는 클로즈 업(Close-Up Shot)로 카메라를 잡은 경우 가수의 표정 및 제스처 등이 확실하게 보이기 때문에 조명이 인물의 상세한 부분(피부, 표정연기)등을 잘 표현해야한다. 따라서 명도가 짙은 조명, 역광을 강하게 사용하여 세트와 인물의 입체감등을 잘 살려주는 주는 것도 좋은 방법이다. 다만 역광, 또는 측광 광원에 고보(Gobo)를 사용하는 경우 고보에서 생긴 실루엣 그림자가 인물의 얼굴에 떨어지지 않게 주의해야 한다. 또한 무빙 라이트 또는 스캔으로 인물을 조광할 시 너무 강한 색상, 채도의 빛을 주면 인물이 빛에 눌려 제대로 표현되지 않는 경우가 발생할 수 있기 때문에 카메라의 쇼트전환이 필요하다. 이것은 최종적으로 연출이 영상을 보면서 쇼트전환을 잘 해주어야 한다.

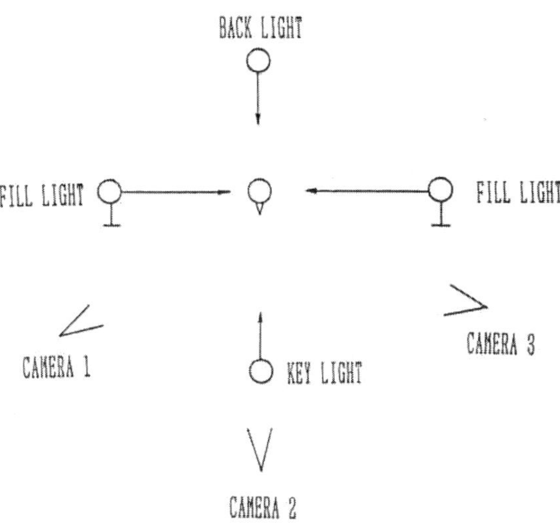

그림 3-17 음악 프로그램의 인물조명 배치 방법

② **세트의 조명**(Set Lighting)

근래 들어 음악 프로그램의 세트는 예전에 비해 심플해지고, 어떤 경우는 무빙라이트 또는 화려한 이펙트 조명기의 빛으로 대신하는 경우가 많아지고 있다. 따라서 간단한 골격구조로 된 세트가 많고, 흰색바탕의 배경막을 많이 사용한다. 배경막의 조명은 Upper Horizont Light를 사용하여 세트 윗부분만 밝게 하고 아랫부분을 어둡게 해서 세트 바닥과 같은 톤으로 만들어주면 세트가 떠있는 것처럼 보여 넓은 공간과 같은 느낌을 준다. 그리고 원기둥 또는 소품 같은 경우 소프트 라이트(Soft Light)로 부드럽게 터치라이트(Touch Light)를 주고 또는 입체감을 강조하기 위해서 스포트라이트 광을 사용하는 경우도 있다. 가끔 색의 변화를 주거나, 그림자를 생기게 하여 지루한 느낌을 바꾸어 주기도 한다.

③ **바닥 조명**(Floor Lighting)

신세대 가요프로그램의 경우 가수들이 춤동작이 넓기 때문에 롱 쇼트(Long

Shot)로 카메라를 잡을 경우 세트의 바닥면이 드러나게 된다. 따라서 바닥면이 흰색인 경우 빛이 반사되어 인물이 살지 못하기 때문에 어두운 색계통의 세트(Studio Floor)를 깔아야 한다.

④ 공간 조명

무빙라이트 또는 스캔이 빛의 역동적인 움직임으로 생동감 있는 영상이미지를 만들어낸다면 공간조명으로 파캔(Parcan)이나 빔라이트(Beam Light)는 공간의 깊이감과 심도감을 만들어준다.

주로 스튜디오 세트 측면과 후면에 배치되어 스모그 머신(Smoke Machine)으로 연출되는 영상에서 빛의 효과가 뛰어난다. 보통 콘트라스트 비율은 인물은 70-80%로 하고, 공간은10-20%로 해주는 것이 좋다.

2.4 음악 프로그램의 색채 설계(Coloring)

음악 프로그램의 색을 효과적으로 사용해야 한다. 빛의 색을 어떻게 배합하여 어떻게 프로그램의 성격과 음악적 이미지를 표현해야 한다. 따라서 스탭회의 시 의상, 세트의 색을 미리 정보를 얻는다. 조명 디자인 시 전체적인 빛의 톤과 지배적인 색감을 결정한다. 색의 배합 시 명도, 색상, 채도와 배색관계를 설정하여 칼라필터(Color Filter)를 결정한다.

색채 설계 시 색과 감정의 반응(성별, 연령, 생활환경, 전통)을 고려하여 동일계색, 보색계, 유사색계, 명도차(같은 명도의 배합은 피하는 것이 좋다.), 채도차(너무 많은 색을 사용하는 경우 채도를 맞추어 균형감 있게 사용해야한다), 면적의 대소, 시간차 또는 리듬에 따른 색의 변화 등을 파악하여 색을 배합해야 한다.

2.5 칼라필터의 선정

다음은 주로 콘서트 조명 또는 음악 프로그램의 조명에 자주 사용되는 칼라필터의 색상과 필터번호를 소개한다. 칼라필터 번호는 영국의 Lee Filter 샘플을 참조로 소개한다.

색상	Lee Filter 번호	색상	투과율
Amber 계통	# 021	Gold Amber	31%
	# 105	Orange	41%
	# 158	Deep Orange	30%
	# 134	Golden Amber	37%
Yellow 계통	# 101	Yellow	80%
	# 102	Deep Yellow	75%
	# 104	Deep Amber	63%
Green 계통	# 122	Fern Green	52%
	# 124	Dark Green	30%
	# 138	Pale Green	79%
Blue 계통	# 068	Sky Blue	13%
	# 140	Summer Blue	41%
	# 165	Day Light Blue	20%
	# 143	Pale Navy Blue	16%
Dark Blue 계통	# 119	Light Blue	22%
	# 118	Dark Blue	3%
Violet 계통	# 137	Special Lavender	26%
	# 142	Pale Violet	20%
	# 180	Dark Lavender	7%
Pink 계통	# 107	Light Rose	48%
	# 110	Middle Rose	47%
	# 111	Dark Rose	32%
	# 157	Pink	36%
Red 계통	# 182	Light Red	11%
	# 164	Flame Red	17%

3. 드라마 조명

태양, 월광 등의 자연광이나 화롯불, 양초, 전등 등의 인공광은 인간생활에 빼놓을 수 없는 것이다. 우리들이 생활하는 자연환경은 드라마 조명에 직접 관련되는 중요한 영상표현의 기본이다.

따라서 드라마 조명은 첫째로 사실적(자연적)인 조명으로 한다. 4계절의 변화, 기후변화, 시각변화 등 가능한 자연적인 분위기를 만드는 것이 중요하다. 드라마 조명의 역할 대본, 연출, 촬영, 음향, 소품, 분장, 연기자의 연기등과 함께 매우 중요한 것으로 조명여하에 따라서 작품의 내면을 아름답게 만들어간다. 즉 작품의 메시지, 연출의도, 등장인물의 성격, 심리, 장소적 배경(고전물), 시간적 배경(역사적 사건)등 모든 요소를 파악하여 조명을 해야 한다.

3.1 드라마 조명의 설계

무대조명에서 조명디자인에 들어가기 앞서 작품의 대본읽기 및 분석, 조명 디자인 개념을 수립하는 과정이 필요하듯이 방송조명의 드라마 조명에서도 작업에 들어가지 전에 작품의 분석과 조명 배치 계획을 해야 한다. 다음의 분석과정, 회의, 조명 계획을 수립하는 것이 좋다.

① 대본 분석

* 드라마의 주제 파악
* 드라마의 내용과 구성을 파악
* 시대적 배경, 생활환경, 등장인물의 성격 및 심리적 상황 파악

② 제작회의

* 연출의도 파악
* 세트의 상황배치를 파악

* 등장인물의 동작, 카메라 앵글, 카메라 촬영위치, 붐마이크(Boom Mic)위치 파악

③ **조명계획**

* 연출의도에 맞는 드라마의 주제를 영상화하는 조명 계획을 수립한다.
* 영상설계를 결정(조명, 영상톤)
* 카메라의 노출기준을 정한다.
* 각 장면의 구체적인 조명위치를 정한다.
* 조명계획의 전체예산을 정한다.(사용될 조명장비, 또는 효과장비 주문서 작성)

3.2 조명으로 시공간적 배경 표현법

조명으로 시공간적 배경을 표현하는 것은 야외 촬영 시 계절적, 시간적 배경을 어느 정도 감지할 수 있겠지만 스튜디오 세트상에서 촬영되는 경우 이런 시간적 배경을 표현하는 것이 그렇게 쉬운 일이 아니다. 따라서 조명의 조도, 휘도, 조명기 배치로 시간적 배경을 설정해야 한다.

① **날씨의 표현**

맑은 날의 표현은 계절의 변화는 태양광의 방향으로 어느 정도 명확하게 하여 빛이 눈부시게 내리쬐는 느낌을 표현한다. 전물, 수목도 같은 방향에서 조명을 하고 인물도 세트와 빛의 방향을 통일시켜 그림자 방향을 맞춘다. 그림자가 하나가 되도록 정리하여 태양이 몇 개씩 있는 것 같은 느낌이 들지 않도록 한다.

흐린 날의 표현은 두꺼운 구름이 태양을 차단하고, 어둠침침한 하늘이 광원이 된다. 때문에 지상에는 그림자가 없는 상태가 발생한다. 전혀 그림자가 없는 상태를 만드는 것은 어려우나, 확산광을 사용하여 무영의 상태를 만든다.

인물에도 부드러운 빛을 사용하여 그림자가 선명하게 나오지 않도록 한다. 비오는 날의 표현은 흐린 날처럼 그림자가 없다. 표현방법은 흐린날과 별로 틀리지 않으나, 비를 보이게 하는 연구가 필요하다. 순광으로는 비를 보일 수 없다. 비를 보이게 하려면 역광으로 조명한다.

② 시각의 표현

아침의 표현은 아침의 느낌을 강조하기 위해 키라이트(태양광)은 극히 낮게 하고, 건물이나 수목의 세트에는 측면에서 조광한다. 지면에는 태양광이 조광되는 부분을 약하게 하여 세트상부를 중심으로 조명한다. 하늘 사이에 희미하게 연기를 피우고 정원의 나무에는 물을 뿌리고, 역광을 조사하면 아침이슬의 분위기를 표현할 수 있으며 보다 이미지를 더 살릴 수 있을 것이다.

낮의 표현은 계절에 따라 태양의 고도, 각도를 충분하게 검토해야한다. 태양을 역광으로 하는 경우, 인물에는 부드러운 빛을 카메라 방향에서 비추고, 전체를 하이키(High Key)톤으로 하면 효과적이다. 역광방향에서 조광하면 세트를 깊게 보이게 하여 인물, 특히 여성을 아름답게 보이게 하는 경우에 자주 쓰인다.

저녁의 표현은 태양광의 각도를 역광으로 하여 건물이나 수목의 그림자를 많게 하고, 하드키(Hard Key)톤으로 하면 효과적으로 얻을 수 있다. 또한 석양의 표현은 Amber 계통의 칼라필터를 사용하여 고르게 색광이 퍼지게 하면 석영의 효과를 얻을 수 있다. 특히 고독한 장면은 태양광의 인물의 그림자를 길게 하고, Blue/Lavender계통의 칼라필터를 쓰면 더욱 효과적인 장면을 얻을 수 있다.

밤의 표현은 실내에서는 전등, 스탠드, 시대극이라면 사방등, 촉대, 옥외에서는 월광, 가로등, 네온, 횃불과 광원의 색온도나 높이가 각각 다르나, 밤에는 어둡다는 인상을 줄 필요가 있다. 인물조명은 역광이나 측광을 메인으로 하여 세트 등에서 부분적인 조명을 염두에 둔다. 월광에는 Blue계열의 칼라필터가 자주 사용하지만 광원 고유의 색과 광원의 각도를 이용하여 표현하는 창조적인 것이 필요하다.

③ 조명으로 계절배경 설정

우리나라는 계절풍 지역으로 사계절이 뚜렷한 지역이다. 따라서 조명으로 사계절을 표현하는 것은 어려운 일이다. 즉 태양의 고도, 일교차, 하늘의 색, 풍물등 다양한 것을 빛으로 표현해야 한다.

봄의 화창한 날의 표현은 키라이트(태양광)은 낮게 하고 베이스라이트를 약간 강하게 하여 옥외의 콘트라스트를 적게 한다. 방안은 옥외에서 반사광을 생각하여 광질이 부드러운 빛을 뜰에서 흘러들게 한다.

여름에는 낮의 길이가 길고, 태양의 고도가 짧다. 따라서 여름의 표현은 태양광을 톱라이트로 설정하고, 베이스라이트의 조도를 줄여서 콘트라스트 대비를 강하게 한다. 인물의 얼굴은 사이드라이트로 뺨을 빛나게 하여 땀방울이 보이게 하고, 콘트라스트 대비로 인물의 그림자가 짧게 떨어지게 한다. 여름의 울창한 숲은 터치라이트로 강하게 비추어 반짝이게 한다.

가을은 봄과 거의 비슷한 태양광을 갖는다. 단지 하늘이 높아 보이고, 쓸쓸한 느낌을 강조하기 위해서 태양광을 역광으로 하여 베이스라이트의 조도를 줄여준다. 맑은 날의 하늘은 푸른 세트배경막 또는 기타 세트상에 수평면으로 권적운(權迹雲)모양의 글라스 고보 등을 투영하면 가을하늘의 느낌을 전단할 수 있다.

겨울은 낮의 길이가 짧고 밤이 길다. 또한 태양빛도 약하다. 태양광인 키라이트의 조도를 낮추고, 베이스 라이트의 조도를 높이면 햇살을 별로 느끼지 못한다. 실내에서는 창을 넘어온 부드러운 햇살을 넣으면 옥외의 추위를 표현할 수 있다.

4. 야외조명(ENG : Electric News Gathering)

야외 촬영현장에서는 태양광이나 인공광(가로등, 네온사인등)등 여러 가지 종류의 빛이 존재한다. 게다가 이들 빛은 성질이 다른 것이 많다. 따라서 이런 현장의 불빛을 최대한 이용하여 보다 효과적인 영상을 표현하는 것이 중요하기 때문에 사전에 야외 촬영에 대한 준비가 필요하다. 사전 준비작업은 주로 사전에 현장을 답사하여 시공간적 제약 요소를 파악하고, 필요한 조명기 수량 및 조명기 종류, 준비기자재, 전력 공급 등을 어떻게 할 것인가를 설계 해야 한다. 다음은 야외 촬영을 할 때 날씨와 실내외에서 조명할 때 등 여러 가지 조건에서 조명기법이다.

4.1 옥외, 푸른 하늘의 경우

ENG카메라로 야외 촬영 시 태양광이 너무 강한 밝기 때문에 굳이 조명등기구를 사용할 필요가 없다고 생각할지 모르나 광량이 증가하여 피사체의 콘트라스트가 강하게 될수록 빛을 조정할 필요가 있다. 계절에 따라서도 낮의 직사광의 밝기는 약 8~9만lx정도 되고, 간접광은 1~1만5000lx로 거의 8:1의 비율이 된다. 카메라에 적당한 콘트라스트비는 3:1정도가 바람직하며 로케의 목적이나 상황에 따라 보조광이나 차광, 감광을 하며 적정한 콘트라스트를 유지시켜준다.

① 보조광 이용

태양광으로 보조광으로 가장 효과있는 것이 반사판(Reflector Panel)이다. 캔버스지에 은지를 붙인 것이나 운반하기 편한 롤리플렉스에 태양광을 반사시켜 보조광으로 하나, 태양과의 상관관계가 항상 변할 수도 있으며 리플렉터판 조작에는 고도의 기술이 요구된다. 리플렉터판을 사용하는 때의 포인트는, 약간의 바람에도 그 여파로 흔들리기 때문에 스탠드에 고정시켜 사용한다. 리플렉터판의 높이는 눈높이 보다 약간 위가 좋다. 통상 광원은 위방향이기 때문에 낮은 위치의 경우는 특별한 의미를 갖는다.

피사체의 눈높이에서 비추면 눈이 부시기 때문에 눈을 뜰 수 없다. 눈높이에서 떨어져 약하게 사용한다.

② 차광, 감광을 생각한다.

전원의 용량에 제약이 많은 로케에는 보조광만으로 적정한 콘트라스트 만들기가 안 되는 경우나 피사체 바로 위에 있는 태양광은 피사체를 술취한 사람처럼 보이게 한다. 이와 같은 때에는 화면안에서 고휘도를 만드는 원인이 되는 빛을 여러 가지 방법으로 컨트롤하지 않으면 안된다.

③ 차광의 방법

고휘도의 원인이 되는 직사광을 검은 나사지나 베니아판 리플렉터판 등으로 하이라이트 부분을 차단, 콘트라스트를 낮게 한다.

④ 감광의 방법

태양광을 차막이나 반투명 비닐 등으로 감광, 확산시킨다. 단, 광량을 떨어뜨리는 것 뿐 만이 아니라 광질을 부드럽게 하여 아름다운 영상을 만들 수 있다.

⑤ 그림자를 사용하는 방법

고휘도의 부분에는 나뭇가지 등으로 그림자를 의식적으로 만들어 콘트라스트를 부드럽게 한다.

4.2 옥외, 흐린 하늘일 때

흐린 하늘의 경우는 밝은 부분과 어두운 부분의 콘트라스트 비는 3:1정도가 되며, 부드러운 빛이 전체에 들어와 아름다운 영상을 얻을 수 있다. 그러나 하늘을 배경으로 하는 경우는 하늘의 휘도가 높아서 보조광을 사용하지 않으면 안된다. 보조광을 사용하지 않으면 안된다. 보조광으로는 태양광에 가까운 분광에너지 분포를 갖는 메탈할로겐라이트램프가 많이 사용된다. 이 램프는 효율이 80lm/W 이상과 할로겐전구에 비교하여 매우 높다. 또 색온도, 연색성도 높아서 보조광으로 쓰이고 있다. 메탈할로겐라이트 램프는 100W의 베트리 라이트에서 18kW의 AC용 라이트까지 목적에 맞추어 각종으로 사용되고 있다.

4.3 밤의 효과를 표현하는 조명설정방법

밤은 가로등이나 알루미션, 형광등 등의 인공광이 주력이 된다. 어느 광원이 주요 피사체에 가장 관계있는 것인지 정확하게 확인하고, 그 광원에 가까운 색온도의 보조광을 사용한다. 포인트는 역방향에서는 빛을 주광원으로 하고 카메라 측에서의 보조광은 극히 줄이고, 배경에 면적이 작은 피크를 만든다. 원경에는 가로등 등을 넣는 것만으로 화면의 분위기는 싹 바뀐다.

4.4 실내 조명

인물의 배경이 창인 경우는 연출자가 창을 뒤로한 출연자와 창밖의 풍경도 동시에 보이고 싶은 요구가 있어서, 이것에 맞주는 것은 매우 어렵다. 예를 들어 밖에 반사율 50%의 빌딩이 있고 6만lx의 태양이 비추고 있다고 하면 피사체(인물의 평균반사율 30%)의 얼굴에 100lx 비치는 경우, 휘도 콘트라스트는 100:1이 되며 TV 영상으로 재현 가능한 영상 콘트라스트의 범위를 훨씬 뛰어넘게 된다. 이 경우에는 배후의 창에 ND필터를 붙이던가, 블라인드나 커텐 등을 이용하여 실내의 밝기에 맞추어 배경의 휘도를 조정한다.

인물의 측면이 창이 되는 경우는 태양이 직사광 이외는 외광을 최대한 이용한다. 보조광에는 외광의 색온도에 맞춘 컨버션 필터를 사용하고, 화면 내의 그림자가 역방향으로 흐르지 않는 위치에서 투광한다. 카메라의 좌측에서 보조광을 비추고, 백라이트도 사용하는 것은 머리카락의 디테일이나 어깨의 윤곽을 표현하고자 함이다.

인물의 정면이 창이 되는 경우는 인물이 창을 향하여 순광이 되므로 촬영에 필요한 조도를 얻기 쉬우며, 조도를 사용하지 않아도 충분하게 영상표현이 가능하나 평탄한 화면이 되기 쉽기 때문에 인물을 사이드에서 조명하여 입체감을 만든다.

외광이 전혀 없는 경우는 지하도, 공간, 홀, 레스토랑 등 생활주변에는 여러 가지 장소가 있다. 그곳에 있는 실내등은 '장의 밝기'로 한 베이스라이트나 세트라이트로 활용할 수 있으나, 인물에 대하여는 조명이 톱이 되어 인물이 전면에 나오지 않는 경우가 있다. 이 경우에는 라이팅을 하여 인물표정이나 장의 분위기를 표현한다. 형광등 등이 주광원으로 연색성이 나쁜 경우는 보조광으로 개선한다.

4.5 하이비전의 조명기법

하이비전 본방송시대의 도래도 가까워지고 하이비전 시스템에 의한 프로그램제작도 적극적으로 추진되고 있다. 하이비전 조명이라고 해도 멀티카메라를 구사한 중계에서 음악, 오락프로, 교육프로, 더욱이 한 카메라에 의한 다큐멘터리(기획구성 프로)나 드라마까지 폭넓게, 그 방법도 현행 TV에 가까운 것에서 극히 미세한 영화적 방법이 필요한 것까지 프로그램 내용이나 제작목적 또는 최종적으로 상영되는 미디어 등, 기본적으로는 화면의 크기에 따라 여러 가지가 있다. 자주 '하이비전의 조명은 현행 TV의 조명과 무엇이 다른가?'라고 하나, 하이비전의 조명이라고

하여 빛의 구성 또는 색채조명에 의한 영상표현을 하고 있는 현행 TV의 방법과 근본적으로 다른 것은 아니다. 단, 현행 TV가 특정된 화면의 크기로 한정된 해상도 중에 얼마나 시청자의 눈을 끌고, 정보를 정확하게 전달할 수 있는지 이른바 '과장'과 '생략' 또는 단어가 이상하나 '눈속임'이 적절한 방법으로 통영하여 확립되어 온 것에 비해 하이비전의 경우에는 고해상도, 대화면 또는 색체의 고재현성이라는 특징에서 종래에는 간과했던 화면의 결점을 무시할 수 없게 되었다.

예를 들어 여배우 얼굴의 아름다운 표현을 위해 미술세트의 직감을 재현해내는 것을 보아도 보다 자상한 조명이 요구되는 것이다. 색체의 고재현성은 리얼한 표현에는 보다 효과적이나, 반면 조명광원의 색채도가 다른 것도 판별되어 영상표현상 문제가 되는 것도 있으며 이런 엄한 관리가 필요하다.

또 와이드 화면이 된 것은 시각효과로서 유효하게 이용되며, 조명기법상은 횡방향으로서의 넓이나, 사이드에 놓인 스포트의 단념 등, 이제까지와는 다른 연구가 필요하다.

제4장

조명 작업과 안전

제1절 조명 작업

실제 TV프로그램제작은 대부분 스튜디오에서 이루어진다. 조명감독이 조명디자인작업을 끝내고 조명스탭에게 작업지시가 이루지고, 전 스탭들은 다음의 조명작업단계 따라 신속히 작업을 진행한다.

1. 조명등기구 배치/배선 작업

조명감독은 작업을 정확하고 신속하게 작업을 진행시키기 위해서 먼저 작업할 스튜디오 설비, 세트 상태 등을 사전에 점검한다. 도면작업을 한 것을 조명팀에 나누어주고, 조명오퍼레이터(Lighting Operator) 도면을 설명해준 다음 바로 조명등기구 배치작업으로 들어간다.

스튜디오의 조명설비가 바턴식으로 된 곳은 바턴을 내려서 조명기를 매다는 작업을 하는데, 스튜디오상의 세트, 높이 등을 염두해두고 일정하게 바턴을 내리도록 한다. 일정하게 내려진 바턴에 조명기 배치도(Lighting Plot)에 맞게 조명등기구 매단다. 만약 바턴과 바턴사이가 넓게 벌어졌을 겨우 바턴 걸이를 이용하여 조명등기구를 매달도록 한다. 조명등기구를 매달 때는 동시에 칼라필터를 끼워야 조명기에 칼라필터를 장착해주고, 기타 고보, 칼라 스크롤러 등을 장착하여 조명기를 매다는 작업을 병행한다. 작업 시 안전사항은 절대 세트 위 또는 불안전하게 보이는 소품 위에서 절대 조명기를 매달아서는 안 되고, 안전한 작업대에서 조명기를 매단다.

이펙트 조명기의 배치 작업의 경우, 무빙라이트(Moving Light), 스캔(Scan)장비는 조명 바턴이나 배치할 때 장비의 무게로 트러스나 바턴에 무리가 가지 않는지를 점검하고, 제대로 매달리게 했는지를 반드시 점검해야한다. 특히 무빙라이트와 스캔을 배치할 시 트러스(Truss)에 일정한 균형감을 가지고 배치되었는가도 점검해야 하고, 세트와 소품이 망가지 않도록 주의하여 다루도록 한다.

조명기 매달기 작업 끝나면 배선작업으로 들어가서 조명기에 맞는 지정된 케이블을 사용한다. 전압이 다른 조명등기구의 배선에는 주의 기울여서 동시에 배선을 하면 전기 배선시 문제가 발생될 수 있으므로 110V 조명등기구의 배선이 끝난 후 다른 전압의 조명등기구의 배선을 하는 것이 좋다. 배선작업이 끝나면 본 방송 후 철거작업을 쉽게 하기 위해서 케이블을 미리 정리해두어 공연 중에 발생되는 배선의 문제에도 대처할 수 있다.

조명기를 매단 후 바턴을 올리기 전에 조명등기구가 제대로 안전하게 매달려 있는지 조명봉과 조명기 사이의 안전 고리가 제대로 묶여 있는지 확인하고, 바턴을 일정하게 올린다. 조명감독은 조명바턴의 높이 일정하게 또는 일정 높이가 올라갔는지 확인하고 조정하도록 한다.

2. 작업 점검

조명기를 매단 바턴 올리기 작업이 끝나면 스튜디오를 점검하면서 소품, 붐 마이크(Boom Mic), 카메라 위치와 이동선에 조명등기구의 배치가 영향을 주지 않는가를 점검해야한다. 또한 철 구조물의 상태 및 케이블의 처리, 바턴과 바턴 사이의 케이블 연결 상태, 누전의 문제점이 있는 곳을 점검해야 한다.

3. 초점 맞추기 작업

기본적인 조명기 배치작업 끝나면 각 구역별 조명기의 초점(Focusing) 맞추기 작업을 해야 한다. 직접 조명감독이 초점 맞추기 위치를 지시하는 경우와 조명 오퍼레이터가 조명감독이 지시한데로 조명초점을 맞출 위치를 지시하는 경우도 있다. 조명기 초점 맞추기 작업은 조명감독이 디자인한 이미지와 같은 분위기가 되는가를 확인하는 중요한 작업이다. 따라서 실제로 빛조정을 하면서 이미지대로 조광이 되고, 빔모양을 확인한다.

특히 음악프로그램의 경우 무빙라이트의 조명 초점 맞추기 작업이 필요하다. 무빙라이트는 조명기 종류에 따라 초점의 방법 및 절차가 다른 경우가 많다. 따라서 일반 조명기의 초점 맞추기 작업이 끝난 후 이펙트 조명장비의 초점 맞추기를 하는 것이 좋다. 조명 초점 맞추기 작업 시 작업인원들이 작업 봉이나 사다리를 이용하기 때문에 안전사고에 유의하여 작업에 임해야 한다.

4. 콘트롤 콘솔 디자인 데이터 메모리 입력 및 백업 작업

조명 초점 맞추기 작업 완료된 후 디자인 큐시트(Scene, Cue Timing) 및 회로도를 콘솔에 메모리 시킨다. 음악프로그램 경우 무빙라이트의 데이터도 프로그래밍을 해야 한다. 보통 프리셋 페이더(Preset Fader)에 메모리 시켜서 그 때의 피사체의 휘도 발란스, 대본에 따라 지정된 계절/시간의 변화, 연출상의 주문에 따른 변화등에 용이하게 대처하기 위한 배려가 필요하다. 또한 콘솔의 페이더(Fader) 배열을 Set이나 Scene별로 구분해서 메모리하고, 구분 내에서는 조명등기구의 목적에 따라 배열한다. 큐실행타임(Cue Timing)은 콘솔상의 Chase기능키로 조정한다.

일련의 디자인 데이터 자료의 프로그래밍이 끝나면 반복적으로 씬(Scene)마다 실행

해보면서 분위기를 살펴본다. 그리고 특별한 조작을 해야 할 회로에 대해서는 조명감독이 제일 조작하기 쉬운 위치에 메모리 시키는 것이 좋다. 최종적으로 콘솔 메모리 작업과 운용이 끝나면 입력된 데이터 프로그램을 백업시켜서 보관하는 것이 좋다. 만약 콘솔에 문제에 발생하거나 외적요인으로 문제가 발생될 경우 오작동이 일어날 수 있기 때문에 플로피 디스크로 데이터를 복사하거나, 백업을 받아 놓으면 나중에 이런 문제가 발생되었을 때 안전하게 대처할 수 있다.

5. 리허설

보통 리허설은 세 번에 걸쳐 실시된다. 처음에는 스튜디오 세트위에서 카메라 없이 전 스탭이 콘티대본에 따라 드라이 리허설(Dry Rehearsal)을 한다. 첫 번째 리허설을 할 때는 세트 및 소품, 장치 등이 실제 상황과 똑같은 상태에서 출연자의 연기동선, 출입, 대사, 감정 등을 연기로 행동하며 연습하고 조명도 기본적인 것은 맞춰져 있어야 한다. 모든 스탭들은 연출의 지시에 따라 각 부분의 문제점을 수정하면서 연습한다. 드라이 리허설이 끝나면 조명감독은 보충되어할 부분과 수정되어야 할 부분을 수정, 보완한다.

두 번째 리허설은 카메라가 예행으로 화면구성을 하면서 문제점이 생기기 쉬운 중요한 씬이나 블록 단위로 연습하는 카메라 리허설(Camera Rehearsal)을 한다. 조명감독은 부조에서 모니터를 보면서 연기자의 연기구역, 카메라의 쇼트전환, 연출상의 큐타이밍(Cue Timing), 조명과 세트의 영상구도와 노출정도, 조광량, 콘트라스트 대비 등을 점검했다가 카메라 리허설이 끝나면 곧 세부적인 수정을 조명오퍼레이터에게 지시한다.

마지막으로 녹화에 들어가기 전에 녹화 할 때와 같이 프로그램 내용을 처음부터 끝까지 전체적으로 총리허설을 한다. 이때 조명감독은 카메라 리허설과 똑같은 방법으로 모니터를 보면서 체크하며 연습이 끝나면 최종적으로 수정보완을 준비를 해야 한다.

6. 추가 주문, 수정작업

리허설이 종료되면 연출가로부터 추가주문이 있다. 전체의 구성에 대해 각각의 분위기에 대해 연출상의 문제점이 있는 부분, 절차적으로 문제가 있는 부분을 정리한다. 보통 각각의 드라이 리허설, 카메라 리허설, 총리허설이 끝난 후 추가주문, 수정작업이 이루어진다. 연출자에게 받은 주문을 조명감독이 오퍼레이터에게 수정될 부분을 지시한다. 감독에게 지시 받은 사항에 따라 조명기구의 초점을 교정, 프로그램의 수정, 큐의 수정 등을 한다. 녹화로 들어가지 전에 잠시 FD을 중심으로 녹화의 진행의 확인을 위한 회의 갖는데, 녹화전의 협의와 철거작업에 준비에 대해서 회의를 갖게 된다.

7. 녹화

조명감독은 FD에게 씬, 시간, 타이밍, 카메라의 쇼트 등이 적힌 큐시트(Cue Sheet) 또는 콘티대본의 씬(Scene)에 기입한 정경이나 타이밍에 따라 조명의 변화 등을 콘솔에서 조정해야 한다. 음악 프로그램의 경우 메인 콘솔 오퍼레이터 콘솔을 조정하고, 무빙라이트, 스캔과 같은 이펙 조명 장비의 콘솔 오퍼레이터가 조정한다. 조명오퍼레이터는 리허설 때 조명감독으로부터 지시 받은 대로 스튜디오내의 팔로우 스포트 조명등기구, Eye Light (Catch Light)등의 조작을 담당하여 이상이 일어날 경우에는 신속히 조명감독에게 알리고 대책을 강구한다. 또한 본 방송 중에는 카메라 텔리(Camera Tally : 촬영 중이라는 지시를 알리는 카메라상부에 부착된 빨간등)에 주의해야 하며 잡음이 일어나지 않도록 세심한 배려가 필요하다.

8. 철거작업

프로그램이 종료되면 사용했던 조명기기등을 다음 녹화 작업에 지장이 주지 않도록 하기 위해서 원상태로 철거 작업을 해야 한다. 우선 조광 유니트의 전원을 끄는데 콘솔 상에서 점등된 기구가 있는지 확인하고 모든 조명전원이 내려진 상태에서 작업에 들어간다.

그런 다음, 플로어에 있는 기구(스탠드, 연장코드등)들을 조명창고의 제자리에 잘 정리해야 하며 연결 바턴걸이, 조정봉 등도 제자리에 갖다 두어야 한다. 또한 철거 작업 시는 소도구, 마이크, 카메라등도 동시에 작업을 함으로 안전사고에 특히 유념해야 한다. 그리고 철거작업이 끝나면 조명 오퍼레이터는 혹시 스튜디오에 남겨둔 악세서리들이 없는지 한 번 점검하고 마무리를 하도록 해야 한다.

제2절 사고 예방과 장비의 고장 해결

스튜디오 또는 외부에서 조명작업을 할 때 여러 가지의 위험이 도사리고 있다. 조명장비는 전기로 작동되고, 장비의 무게와 규격도 여러 가지라서 조명장비를 취급하고, 조명작업을 하는데에는 사고 예방을 위해서 다음의 사항을 준수해야 한다. 또한 조명 시스템 장비가 오작동 되고, 문제점이 발생되었을 때 신속하고, 안전하게 대처할 수 있는 기술적인 사항을 검토해야 한다.

1. 사고 예방

조명감독은 조명작업이 들어가기 전에 조명작업장(Chief Operator) 또는 오퍼레이터에게 작업 시 안전사항에 대해서 반드시 조명 팀에게 말해주어야 한다. 예를 들어, 헬멧을 착용하라든지, 안전벨트의 착용, 고소작업대에서 조명기 매달기 작업, 금연, 안전 작업지시 등 안전에 필요한 모든 것을 말해주어야 한다.

1.1 작업진행이 순조롭게 진행되도록 조명팀의 작업분위기를 파악해야 한다.

조명감독은 조명작업장에게 조명작업을 하는데 작업스케줄을 조정하고, 다른 세트 팀, 음향 팀, 촬영 팀과 협력 잘 이루어지고 있는지, 오퍼레이터 또는 작업인원들이 작업하는 분위기를 파악하여 보고할 수 있도록 지시해야 한다. 항상 여러 프로그램의 제작으로 인해 무리하여 작업을 하는 경우가 우리의 방송제작 현실이다. 하지만 안전을 무시하고, 무리하게 일하다보면 사고가 일어나기 마련이다. 따라서 조명감독과 조명작업장은 반드시 이런 팀원들의 세세한 부분을 항상 점검하여 사고를 예방해야 한다.

1.2 작업 스케줄의 확인과 진행

방송제작은 어느 하나의 스탭만 하는 작업이 아니다. 따라서 연출부의 FD와의 협력 하에 다른 제작팀과 보조를 맞추어가며 일해야 한다. 조명작업 스케줄을 확인하며 작업이 순조롭게 진행되고 있는지 또한 그때 작업결과를 확인한다.

1.3 조명설비의 안전 점검

조명장비는 전기로 작동된다. 따라서 조명등기구의 상태, 전원상태, 배선, 누전 등의 사고가 발생 시 엄청난 인명과 재산의 피해를 입는다. 따라서 조명기구의 불량에 따른 전원의 쇼트, 누전, 감전 및 배선 케이블의 접속불량에 따른 발열 등에 대한 사항을 반드시 점검해야 한다. 또한 장비에 대한 보수가 제대로 이루어졌는지도 파악하여 미연에 사고를 막아야 한다.

1.4 조명등기구의 취급법 습득

조명등기구의 빛을 방사하는 동시에 열이 발생한다. 따라서 HMI등기구와 같은 고열을 내는 등기구는 항상 취급할 때 조심해서 다루고, 조명기의 렌즈부와 램프에 손때가 묻지 않도록 주의하고, 램프가 램프관에 제대로 끼워져 있는지를 확인해야 한다. 또한 세트가 천으로 된 막 또는 휘발성 도료로 입혀진 세트에 조명기에 발생하는 열로 화재가 일어나지 않도록 조명등기구를 배치할 때 유념해야 한다.

1.5 다른 제작팀과의 안전사항 협의

방송제작시 사고가 조명팀에게만 국한 되서 일어나는 것은 아니다. 예를 들어, 세트 전환 및 커튼, 천을 올리거나, 내릴 때 조명등기구가 엎어지는 경우, 케이블선이 엉켜서 세트에 걸리는 경우도 있다. 이런 사고를 막기 위해서 FD와 진행사항에 대한 내용을 철저히 알아두고, 안전사항에 대해서 리허설 시 점검해야 한다.

1.6 케이블 정리

조명기 배치 작업을 마치면 케이블 정리 정돈을 해야 하는데, 케이블이 다른 음향 케이블과 엉켜 있다든지 하면 음향에 문제가 발생되고, 조명 작동 시 감전 및 누전될 위험도 있다. 따라서 세트주위의 케이블 정리하여, 콘넥터가 벗겨지거나 또는 다른 케이블과 엉켜서 생방송시 카메라와 스탭들이 이동하는 데 불편주지 않도록 잘 정리해둔다. 또한 무빙라이트 콘트롤러와 리모트 콘트롤러 주위에 케이블을 놓지 않도록 한다.

2. 장비의 고장 및 오작동의 문제점 해결

조명장비의 고장 및 문제점이 발생되는 경우는 전원 시스템, 콘솔과 디머 시스템,

조명등기구, 이펙트 장비시스템 등이다.

2.1 조명등기구

조명등기구에 발생되는 문제점은 램프가 점등되지 않거나, 등기구 램프 관 또는 렌즈부의 불량, 케이블의 단선, 등기구의 배선과 케이블이 잘못된 연결, 조광 유니트의 퓨즈불량 또는 유니트의 불량 등이다.

주로 이런 문제점은 부하가 잘못된 경우로 콘넥터(Connector)의 접촉 불량, 램프 관과 램프을 잘못된 장착한 경우 케이블(Cable)의 단선 상에서 발생한다. 또한 배선오류로 발생될 경우도 있는데, 이런 경우를 대비하여 미리 케이블과 조명등기구에 각각 번호를 매기는 작업이 필요하다. 퓨즈(Fuse)가 끊어지는 원인은 부하로 인한 램프의 쇼트(Short)로 일어나기 때문에 콘넥터와 케이블을 확인해볼 필요가 있다.

2.2 조광 시스템의 문제점

조명등기구가 점등되지 않을 때는 주로 조광전원이 들어오지 않는 경우, 패칭(Patching)관계, 콘솔상의 문제점, 조광시스템의 전송신호케이블의 문제점이다. 패칭에서 문제가 발생 시 조명기 배치도(Lighting Plot), 배선 회로도(Circuit), 콘솔의 페이더(Fader)에 각각 번호표를 붙여놓으면 이런 패칭이 잘못된 원인을 찾아내기 쉽다. 따라서 조명기 배치도를 잘 파악하여 조명기기 배치 시 정확하게 배치하고, 번호매기기 작업을 해야 한다. 콘솔상의 문제점도 페이더의 불량 등은 알기 쉽지만 콘솔 내부 제어부인 기판 IC의 파손 등의 문제점은 현장에서 수리하기가 매우 힘들기 때문에 대체할 수 있는 여분의 장비가 필요하다.

2.3 신호 라인의 문제점

좀 더 상세히 리모트 콘트롤 기기의 문제점에 관해서 설명해 보면 현재는 거의 모든 조광시스템, 리모트 콘트롤 기기가 DMX512를 콘트롤 신호로서 사용하고 있으며 조광시스템의 신호라인에 문제점이 발생하거나 또는 점등이 되더라도 완전한 점등이 이루어지지 않은 경우 콘트롤의 반응이 늦게 발생하거나 조광 콘트롤 신호가 정상으로 보내지지 않는 경우가 있다. 리모트콘트롤 기기의 문제점의 현상이 예로서 같은 콘트롤 라인인데도 말단기구인 1대만 움직임이 이상하다든지 또 기구자체가 전혀 반응치 않을 때 또 콘트롤과는 전혀 다른 동작을 하는 등의 현상이 일어는 경우도 있다.

이것 역시 콘트롤 신호 관계가 원이라고 생각된다. 신호케이블의 단선, 신호케이블에 대한 노이즈, 케이블 배선경로의 연장과다, 터미네이터의 문제 등, 콘트롤 신호가 원인이라고 생각되는 문제점이 발생한다. 그러나 그 증상은 여러 가지로 원인을 특정하기가 곤란하다. DMX512의 신호선은 그 특성에서 규격에 맞는 케이블을 사용해야 한다. 또 디지털 신호이기 때문에 한 개의 케이블의 단선에도 전체 신호가 보내지지 않게 된다. 케이블 가까이에 강력한 모터 및 방전관등이 있을 경우에 동작 노이즈, 전원 노이즈가 신호선의 문제점이 되는 경우도 있다. DMX512의 규격에서 신호라인의 전체 길이가 정해져 있고 또 단말의 부하수도 제한이 있다. 너무 긴거리를 끈다던지, 사용하는 케이블의 길이가 정해져 있고 또 단말의 부하수도 제한이 있다. 너무 긴 거리를 끈다든지, 사용하는 케이블의 길이가 부적절한 경우 신호의 응답이 느려지는 경우도 있다. 리모트 콘트롤 기기는 신호라인에 접속된 기기의 수가 많아서 사용하는 케이블 길이가 길어져서 신호 감쇠가 발생하기 쉽다. 또 기기에 따라서 콘트롤러를 별도로 갖고 있어서 콘트롤 전원의 전압이 낮다든지 노이즈가 탄다든지 하여 라인의 도중에서 신호에 어떤 문제점이 발생되는 경우도 있다. 기종이 다른 리모트 콘트롤 기기를 사용하는 경우, 특히 주의해야 한다. 신호 케이블의 배선의 유의점으로서

① 규격에 맞는 케이블을 사용

② 배선경로를 지정하여 적절한 길이의 케이블을 사용할 것

③ 컨넥터의 접속을 확실히 할 것

④ 신호의 분배에는 전용의 스플리터를 사용할 것

⑤ 누전대책 및 다른 전원의 사용 시는 이솔레이터를 넣을 것

⑥ 신호라인의 단말에는 터미네이터를 넣을 것 등의 방법이 있다.

절연된 스플리터를 넣어서 신호회선을 분배함으로서 라인마다의 케이블의 길이를 조정한다던지 다른 기구에서의 신호부의 절연을 통해 문제점을 방지하는 것이 중요하다. 터미네이터에 대한 조광 유니트와 무빙라이트기기에선 약간 다르다. 조광 유니트에는 터미네이터가 내장된 경우도 있다. 무빙라이트는 각각의 설명서에 터미네이터를 넣는 경우가 설명되어 있으나 터미네이터를 넣는 것이 오히려 문제점을 초래할 수 있다. 사용하고 있는 케이블에 대해서도 메인신호 라인은 DMX512에서 콘트롤 하고 케이블도 규격대로 5P의 신호 케이블을 사용하고 있는데 단말 기기에는 필히 DMX512의 5P의 규격화된 케이블을 사용해야 할 뿐만 아니라 각 콘트롤러에서는 다른 신호케이블로 변환하는 경우도 있다. 또한 신호는 DMX512이지만 3심의 콘넥터 케이블의 셜드선을 사용하는 기종도 있다. 콘넥터도 3P에서 7P까지 다양한 종류가 있는데 그것을 겉으로는 간단히 알 수는 없다. 회사에 따라서 색깔구분으로 구별하고 있는데 잘못해서 다른 콘트롤 라인을 접속하면 기구의 파손을 초래할 수 있다. 데이터가 확실히 보내지고 있는지 여부의 확인은 전용테스터기를 사용해야 한다. 문제점의 발생한 상황에 따른 대처가 필요하다. 이와 같이 새로운 리모

트 콘트롤기기가 개발되고 또 거기에 부수되고 콘트롤 신호, 콘트롤 케이블의 종류도 늘어났다. 그 때 사용하는 기본적인 시스템을 파악하여 두지 않으면 안 된다.

2.4 컨트롤 신호의 매칭

신호선 및 전원의 문제점이 아니고 컨트롤 신호와 리모트 콘트롤 기기와 조작탁의 매칭이 되지 않아서 움직이지 않는다든지 움직이더라도 이상하다든지 할 경우가 있다. 이것은 기구의 특성인 경우도 있고 제조사에 따라서 DMX512를 사용하고 있으나 다른 방식인 경우에 일어난다. 그 경우의 대처로는 매우 어려운 면이 있다. 기구의 특성에 대해서는 실제로 사용해 보지 않으면 모르는 경우가 있다. 되도록 회사 및 관계되는 제조사에서 정보를 모으는 수밖에 없다. 또 제조사에 다른 차이에 관해서는 그 기구를 구입한 시점에서 기본적인 사양을 확인할 수밖에 없다. 최근 DMX512의 매칭용으로 전용의 기기가 개발되었다. 어쨌든 문제점이 발생되었을 때 대처로는 힘들지만 우선 일어나지 않도록 하는 것이 중요하다.

2.5 콘트롤러(Controller)의 문제점

무빙라이트 및 스캔등의 리모트 콘트롤기기는 시스템 구성도 복잡하고 문제점이 여러 곳에서 발생한다. 기구자체가 전혀 반응치 않는다. 스캔의 경우 램프는 점등되지만 미러부 및 칼라 고보가 움직이지 않는다. 고보의 구동은 되지만 램프가 점등되지 않는다. 또 기구의 움직임이 이상하다든지 오동작을 하는 등의 발생되는 현상도 여러 가지 이다. 리모트 콘트롤 기기는 기구, 콘트롤박스, 콘트롤 신호, 제어탁, 전원부와 같이 여러 기기로 구성되어 있는 시스템으로 되어있다. 상기의 문제점원인은 각각 전체의 부분이라고 생각할 수 있다. 기구본체도 램프를 점등하기 위한 발라스트 부분, 미러 및 칼라 등 구동부분을 제어하기 위한 모니터, 콘트롤 신호관계의 제어부와 전체의 전원부분으로 구성되어 있다. 단지 램프가 점등되지 않을 시에도 그 원인이 기구의 램프 자체에 있는 것인지, 발라스트 부분의 문제점인지, 제어부의 문제인지, 공급전원의 문제인지, 매우 알기 어려운 일이다.

전원케이블의 단선 및 램프 끊김 등의 경우는 보통의 기구와 같이 비교적 간단히 고칠 수 있고 그 외 전원케이블의 단선 및 램프 끊김 등의 경우는 보통의 기구와 같이 비교적 간단히 고칠 수 있고 그 외 부분이 고장 나는 경우 고장 부위도 간단히 알 수가 없다. 그래서 리모트 콘트롤의 기기를 사용하는 경우 문제점이 발생되면 통상 준비된 예비 기재와 기기자체를 교환한다. 기기가 고장 난 경우에도 기판에 문제점이 발생되면 통상 준비된 예비 기재와 기기자체를 교환한다. 기기가 고장 난 경우에도 기판을 교환해야 한다든지 함으로써 어느 정도 전문적이 지식이 없으면 기구 문제점의 해소 및 수리가 힘들다. 그렇기 위해서 렌탈 전문의 무빙라이트 회사에는 기구의 설치, 보수 전문의 기술자 섹션이 만들어져 있다.

2.6 전원관계의 문제점

전원관계의 문제점이 발생하면 정상 전압을 확보하지 못했을 때 일어난다. 본래 상용전원 220V를 확보해야 하지만 특설전원을 사용하는 경우 등 공연장의 전기실 등의 수전설비에서 특설전원까지의 거리가 길고 수전원의 전압강하가 있으며 거기에서 2차 배선을 하기 때문에 단말기에서 220V를 확보하기 힘든 경우도 있다. 원래 전원의 전원용량이 별로 크지 않은 경우는 허용용량의 부하를 걸어도 전원상간의 발란스가 무너진 경우나 급격히 부하를 걸면 순간적으로 전압이 내려간다. 방전관을 사용한 기구 및 리모트 콘트롤 기기에서 컴퓨터를 사용한 기기는 그 전압 변동으로 램프가 끊어지든지, 컴퓨터가 잠금 되어 있는 경우도 있다.

용량이 큰 전원, 전압이 안정된 전원을 사용하는 것 외에 근본적인 해결책은 없지만 설치 방법을 연구해서 해결해야 한다. 우선 전원 발란스를 해결해 한다. 분위기를 만들 때 클램프메터등으로 전원의 부하용량을 측정해서 발란스를 조사하고 최대부하의 용량과 상간 발란스를 맞게 하는 것이 필요하다. 이는 물론 전원차를 사용하는 경우도 마찬가지이다. 리모트 콘트롤 기기를 사용할 때 문제점이 발생한 경우 항상 콘트롤 전원의 확인이 필요하다. 리모트 콘트롤 기기의 문제점원인의 하나로서 전원관계가 있기 때문이다. 전원 전압이 낮다든지 전원 노이즈 성분이 생기는 것이다. 전압 테스터기로 체크하면 알 수 있지만 전원 노이즈의 경우는 알 수 없다. 노이즈가 발생하는 것은 콘트롤 전원과 같은 전원에서 팔로우용 핀 스포트등의 방전등의 기구를 사용하는 경우로 램프를 점등한 경우에 노이즈가 발생한다. 그 노이즈로 컴퓨터가 잠금 된다든지 오동작이라든지, 최악의 경우 조정탁의 메모리가 전부 지워져 버리는 경우도 있다. 조건에 따라 어려운 면도 있지만 문제점을 막는 요인으로서 되도록 조명의 전용 전원, 무빙라이트의 전용전원, 콘트롤 전용전원등을 나누어 사용하는 것이다. 또 배선도를 확실히 그려서 사용전원, 배선경로를 알 수 있도록 하는 것이 중요하다. 배선도가 있으면 사용하는 케이블의 길이를 계산할 수 있다. 그 길이에 맞는 케이블을 사용하는 것도 문제점을 막는 하나의 요인이다.

2.7 누전의 문제점 발생시

전기설비에 대한 법규에서 특설공간에서 하는 전기공사에는 누전차단기를 설치하도록 되어 있고, 누전차단기 규격에 대해서도 상세히 규정하고 있다. 누전에 의한 사고는 매우 위험하지만 작은 누전으로 메인전원이 끊어짐에 따라 음향, 카메라 등의 기기가 파손되는 경우가 있다. 또한 생방송 중에 전원이 나가는 경우도 발생될 위험이 있다. 현재 각각의 회로에 모두 누전 차단기를 설치한다던지 기기내부에 누전 차단기의 설치를 생각할 수 있는데 기술적인 면, 차단기의 크기 기능, 비용 면에서 문제가 있다.

제5장

조명 실습

제1절 조명 실습

이 장에서는 다양한 촬영 조건들을 예로 들어 따른 조명에서의 문제, 연기자의 움직임에 의한 조명기의 배치, 시간과 제작비의 제한 등 여러 문제를 실습해 보기로 한다.

같은 조건에서 같은 사람이 한 공간에 대한 조명을 두 번 하더라도 매 번 해결해야 할 문제가 다르게 나타나고 이를 해결하는 응용 방법이 다를 뿐만 아니라 장면을 달리 해석하기도 하므로 그 결과가 항상 똑같지 않으면서도 완전히 다르지도 않은 것이 조명의 특징이다. 같은 촬영 공간을 여러 가지로 다르게 조명하여 다양한 분위기를 만들어 보고자 할 때에는 한 장면에 대한 조명을 시작하기 전에 다음과 같은 문제를 풀어 보아야 한다.

· 한 장면의 극적 의도와 환경이 무엇인가?
· 하루 중 몇 시경인가?
· 어떤 연기가 이 장면에 들어 있는가?
· 몇 명의 연기자가 이 장면에 등장하며 그들의 움직임 여부는 어떠한가?
· 카메라의 프레임에 장면 공간의 천장 또는 바닥이 포착되고 있는가?
· 실내 전등, 라디오 또는 TV를 켜는 등의 부분 조명 효과가 있는가?

· TV 모니터, 컴퓨터 모니터, 창문 바깥등의 부분, 네온사인등 조명을 설정할 때 사전에 고려해야 할 사항들이 있는가?
· 이 장면의 조명 설정이 다음 장면이나 다음 커트와 연결되어야 하는가?
· 사용할 필름의 노출 지수는 얼마인가?
· 사용할 렌즈의 최소 F-스탑은 무엇인가(특히 줌렌즈를 사용할 경우?)
· 고속 촬영 또는 매크로 촬영이 실시될 예정인가?

1. 밤에 작업을 하는 화가의 공간

이 장면은 화가가 내내 책상에 앉아 그림을 그리고 있는 밤 장면이므로 창문 바깥의 풍경은 나타나지 않는다. 어떻게 조명을 할 것인가에 따라 전체적인 기초 조명이 달라질 수 있는데 먼저 화가의 책상에 장치된 책상 램프를 적극 이용해 보자. 60W의 전구를 넣어 그 광량을 조절할 수 있도록 디머를 장치하는 것이 이러한 경우의 가장 일반적인 작업 방법이다.

이런 경우 일상적인 책상 램프가 하나의 조명기로서의 기능을 할 수 있도록 취급하곤 하는데 이 램프를 켜면 충분히 예상할 수 있는 여러 가지 문제가 수반되곤 한다. 이를 사용하면 연기자의 얼굴에 훌륭한 조명 역할을 할 수 있을 것이나 그 밑의 책상 표면이 지나치게 밝게 나타나는 문제가 있다. 그리고 이 램프만을 사용하게 되면 광량이 충분치 못하므로 원하는 렌즈 F-스탑과 그에 따른 심도를 구할 수 없다.

책상 램프의 광량을 줄일 경우, 책상 표면의 은은한 느낌을 살릴 수는 있지만 책상이 벽면과 맞대고 위치하고 있어 연기자가 책상에 앉아 있는 장면을 촬영하기 위해 사용해야 할 조명기를 설치할 공간을 확보할 수 없다. 이 경우에는 인물을 조명하기 위해 매우 작은 조명기를 사용하거나 반사판을 사용하는 방법이 있다. 그러나 이 중 한 가지 방법만을 사용하면 원하는 화질을 구할 수 없으므로 두 가지 방법을 동시에 사용하기로 한다.

이 정도의 공간이라면 인키 조명기를 설치할 수도 있겠으나 반도어를 추가로 설치하는 경우 카메라의 프레임에 나타날 수도 있으므로 가장 작은 MR-16 조명기를 사용하기로 한다.

그림 5-1 책상 위에 설치된 MR-16 조명기

MR-16은 자체 반사판을 가지고 있는 120V용 소형 할로겐램프로서 환등기 등에 흔히 사용되고 있으며 좁은 공간에서 비교적 강한 빛을 만들어 내는 특징이 있다. 이 장면에 사용할 램프는 디머가 장치된 FMG 120V, 150W ,출력으로서 이를 그립 헤드와 연결된 암대에 부착시켜 사용한다. (〈그림 5-1〉참조). FMG는 강한 빛을 투사하므로 연기자의 얼굴을 전반적으로 조명할 수는 있으나 책상램프가 갖는 부드러운 분위기는 만들어 내지 못한다. 이러한 문제는 작은 포움코어 판을 MR-16 바로 밑에 장치하고 카메라 우측의 스누트를 장착한 트위니 조명기의 광선을 이 표면에 닿도록 하여 반사광 처리를 함으로써 해결할 수 있다(〈그림 5-3〉 참조).

그림 5-2 책상 램프만을 사용한 조명

그림 5-3 MR-16과 반사광 처리된 트위니 조명기를 사용한 조명

그림 5-4 배경에 대한 약간의 조명 처리

한편 이 장면의 배경을 위해 그리드에 두 대의 인키 조명기를 장치하여 각각 뒤쪽 벽에 세워진 그림과 창문 및 벽을 조명하도록 하고 이젤에 놓여져 있는 그림에도 조명을 한다. 그런 다음 커튼에 달빛 조명을 넣어 창문의 조명 처리를 한다. 창문 뒤편에 스크림과 오팔 프로스트를 장치한 스튜디오 듀스 조명기를 설치하고 여기에 나뭇가지 그림자 효과를 만들기 위해 쿠키를 조명기 앞에 위치시키거나 실제의 나뭇가지를 위치시켜 작은 선풍기로 이를 약간씩 움직이게 함으로써 사실감을 강조할 수도 있다. 한편 이젤 그림의 빛이 너무 강하여 연기자로 향해야 할 관객의 시선을 빼앗을 수 있으므로 이를 조명하는 조명기에 더블 스크림을 장치하여 이 부분에 대한 광량을 줄여야 한다.

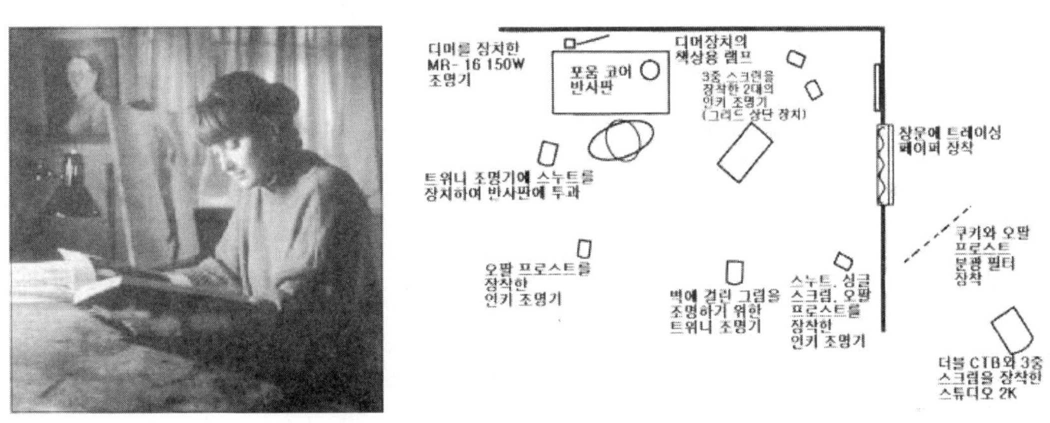

그림 5-5 완전히 조명을 끝낸 후의 장면과 조명 도면

2. L 1011

그림 5-6 수압조정 기계실 내부 장면

이 장면은 L 1011 기계실 내부를 나타내고 있는데 그 공간 특성상 흔치 않은 조명 문제를 가지고 있다.

이 장면에서는 연료 탱크와 폭발성 가스가 근접해 있으므로 흔히 사용하는 HMI나 텅스텐 조명기를 사용할 수 없고 대신 특별한 폐쇄형 형광램프와 휴대용 조명기만을 사용해야 하는 상황이다.

한편 이 장면에는 360도 카메라 회전이 설정되어 있고 그에 따라 공간의 천장이 드러날 수밖에 없으므로 천장에 조명기를 장치할 수 없는 난해한 상황이다. 그러나 바닥에 형광 램프를 설치하면 카메라의 움직임에 의해 조명기가 포착되는 문제를 피할 수 있을 뿐만 아니라 공간 바닥에 설치한 조명기의 효과 때문에 오히려 환상적인 조명 분위기를 만들어 내 SFX영화의 느낌을 살릴 수 있다.

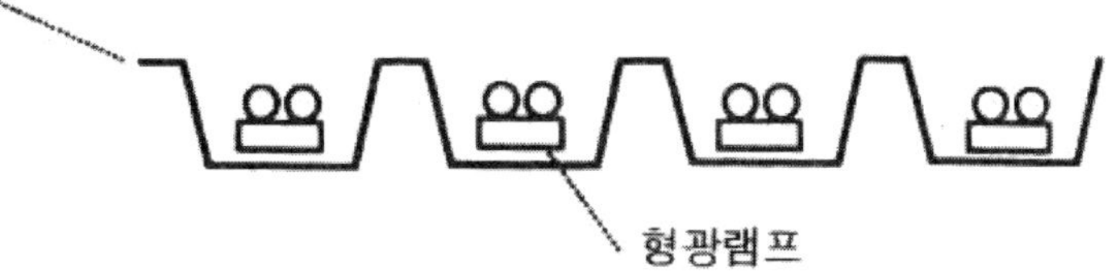

그림 5-7 조명 공간 바닥에 형광램프를 설치한 모습

3. 버스 내부 조명

흔들거리며 비포장 시골길을 달리는 버스 내부의 동시녹음 촬영을 위한 조명은 그 특유의 문제들을 갖는다. 먼저 전원을 확보하기 위해 버스 뒤쪽에 발전차를 연결시켜 300AMP의 전기를 만들며 굵은 케이블을 사용하여 버스 뒷 창문을 통해 버스 내부로 전기를 공급하여 문제를 해결한다.

이 버스에 타고 있는 가수들에 대한 전반적인 조명은 운전석 상단에 장치한 반사광을 이용하였고 다시 버스 상단 좌우의 짐받이 위에 작은 포움 코어를 부착하여 두 개의 누크 조명기의 광선을 반사시켰다. 한편 카메라 우측에 위치한 마이티 조명기에 #216분광 필터를 사용하여 키라이트를 설정할 수 있었다. 이 장면은 운전석 옆에 카메라를 설치하여 18MM 렌즈로 촬영되었는데 누크 조명기의 반사광과 마이티 조명기의 키라이트로 이 장면의 정대한 백라이트 처리할 수 있었으나 이들 조명기로는 가수와 버스 내부에 대한 백라이트 처리를 할 수 없었다. 따라서 두 대의 인키 조명기를 버스 뒷편 짐받이에 숨겨 장치하여 의도적으로 버스 천장에 밝은 빛을 주었다.

한편 주인공 D가수에 대한 백라이트 처리는 렌즈의 프레임 바로 바깥에 스누트를 장치한 인키 조명기를 사용하여 처리할 수 있었다. 그러나 나머지 가수들에 대한 백라이트가 필요했는에 이를 야간 버스의 흐릿한 분위기로 만들어 처리하기로 하고 이를 위해 스틱업 STICK-UP 조명기를 사용하였다. 스틱업 조명기는 100W 전구를 장착한 극소형의 누크 조명기로서 매우 경량이므로 벽면이나 천장에 접착 테이프로 부착시킬 수 있는 특징을 가지고 있다. 이 스틱업 조명기들을 짐받이 파이프 부근에 부착시킴으로써 백라이트로서 충분한 광량을 확보할 수 있었고 다시 여기에 가정용 디머를 연결시켜 촬영에 필요한 광량으로 조정할 수 있었다.

그림 5-8 시골길을 달리는 버스의 내부 모습

4. 젊은 과학자의 방 안

이 장면에서 의 문제는 여기에 설정된 램프가 조명의 기능을 하면서 동시에 램프 자체가 적절하게 표현되어져야 하는 것이다. 이러한 상황에서는 램프가 너무 강하게 연기자를 조명하면 렌즈에 엄청난 플레어를 유발시키기 때문에 그에 따른 플레어 문제를 해결하기 위해 '스틱 엔드 팁스'라는 머리 염색 스프레이를 사용하였다. 그러나 이와 관련된 또다른 문제가 있었는데, 램프가 지나치게 밝으면 관객의 시선을 빼앗을 수가 있으므로 램프의 필라멘트가 눈으로 보일 정도로 광량을 설정하는 것이었다. 이 램프에 디머를 장치하여 연기자의 얼굴에 원하는 것 이상의 지나친 빛이 투사되지 않도록 조절함으로써 필라멘트가 보일 정도가 되도록 하였다.

이 장면에서 필요한 조명은 조명기가 연기자의 얼굴에 원하는 빛을 투사하는 동시에 불필요하게 조명기로부터 투사된 빛이 책상 위의 피사체까지 침범하지 않도록 하는 것이었는데 이를 위해 포움코어로 만들어진 긴 스누트 박스에 #216$\frac{1}{2}$ 분광 필터를 장착하여 몰파 MOLE-PAR 조명기 앞에 설치하기로 하였다. 작으면서도 강한 빛을 만들어 내는몰파 조명기는 나무상자에 장치된 피죤에 장착되었고 스누트 박스에 접착 테이프로 피죤을 장치하여 이를 다시 C-스탠드에 장치하여 스누트 박스를 원하는 높이와 방향으로 설치할 수 있었다.

한편 책상 위의 피사체를 위해 C-스탠드에 긴 암대를 연장시키고 그 끝에 인키 조명기를 설치하여 피사체와 거의 수직이 되도록 하였다. 이러한 상황이라면 그리드를 이용하여 인키 조명기를 수직선상에 설치할 수도 있겠으나 그 경우 조명기의 위치 설정, 전선의 배치 및 전원의 확보, 조명기 위치 조절의 어려움 등의 문제를 갖기 때문에 가급적 조명기의 그리드 설치를 피하는 것이 바람직하다.

반면 C-스탠드를 사용하면 트위니나 베이비 정도까지 되는 조명기의 무게를 지탱할 수 있을 뿐만 아니라 거기에 연결되는 암대가 어떤 공간에서도 자유롭게 그 방향을 움직일 수 있으므로 편리하게 사용할 수 있다. 그리고 암대는 베이비 스터드와 같은 규격을 가지고 있어(5/8인치) 여기에 사용되는 조명기의 암컷 삽입구의 크기와 일치하므로 아무 문제없이 조명기를 직접 암대에 연결할 수 있는 장점도 있다. 그러나 조명기를 암대에 설치할 때에는 조명기가 떨어질 수도 있으므로 견고하게 장착시켜야 한다. 그립헤드에 암대를 연결하고 다시 여기에 조명기를 장치하는 경우에는 그립 작업 시의 오른손 법칙을 충분히 활용해야 한다. 특히 인키나 소형 페퍼 조명기 이상의 무게를 갖는 조명기를 설치할 때 이 법칙을 잘 활용해야 하며 전체를 지탱하는 C-스탠드가 넘어지지 않도록 C-스탠드 다리에 무게 반대 방향으로 모래주머니를 장치하는 것이 바람직하다.

한편 연기자의 뒷면에 위치한 창문에서 달빛 조명이 들어온다는 가정을 하면 더욱 사실적인 분위기를 만들 수 있을 뿐만 아니라 연기자 뒤편의 어두운 벽면과 연기자를 분리시켜 깊이감을 만들어 낼 수 있으므로 이를 위해 연기자의 우측 후면에 인키 조명기를 설치하였다. 위와 같은 방법으로 C-스탠드를 사용하여 인키 조명기를 사용할 수도 있으나 여기에서는 연기자의 측면 후반 세트에 직접 조명기를 설치하였다.

그 다음으로 처리해야 할 사항은 창문이 드러나도록 하는 것인데 스튜디오 듀스 조명기에 CTB필터를 사용함으로써 창문 창살의 그림자를 세트 벽면에 만들 수 있고 벽면에 걸려 있는 연장들을 조명하면서 동시에 이 장면이 갖는 시간대(깊은 밤)를 표현할 수 있다(〈그림 5-13〉 참조). 이렇게 처리한 달빛 효과 조명으로 전체적인 분위기는 살릴 수 있었으나 나머지 벽면은 아직 어두운 상태로 남아 있으므로 약한 스펀 분광 필터를 부착한 인키 조명기를 그리드에 장치하고 조명을 줌으로써 벽면이 약간 나타날 수 있도록 처리하였다.

이 장면에 설치된 키라이트(스누트 박스의 몰파 조명기), 책상과 수직선상에 위치한 인키 조명기, 책상 위에 설정된 램프 등에는 디머를 연결시켜 각 쇼트에 적절한 광량을 쉽게 조절하여 확보할 수 있도록 하였다.

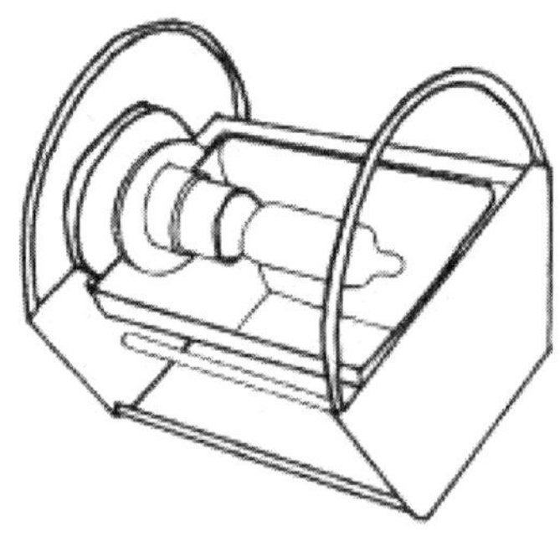

그림 5-9 극소형 스틱업 조명기

그림 5-10 책상 위의 램프만 켜 놓은 모습

그림 5-11 적정 광량으로 책상 위의 램프를 조절한 모습

그림 5-12 램프와 키 라이트를 켜 놓은 모습

그림 5-13 연기자 후방의 키라이트와 창문을 통한 달 빛 조명에 의한 모습

그림 5-14 전체 조명을 끝낸 모습

그림 5-15 젊은 과학자의 방 내부 조명 도면

5. 레스토랑 내부 조명

촬영하는 공간이 비교적 넓은 곳이라면 다음과 같은 세 가지의 조명 선택을 할 수 있다.

· 10K나 12K 등의 대형 조명기 한 대를 이용하여 전체 공간에 대한 대강의 조명을 하는 방법
· 공간 상단에 방향성이 없는 대형 조명기와 그 밑에 다시 20×20피트 크기의 실크를 설치하여 공간 전반에 대한 조명을 하는 방법
· 소형 조명기를 사용하여 원하는 부분에 대한 조명을 하여 전체적인 조명을 만들어 가는 방법

여기에서 촬영하게 될 레스토랑 내부는 밤 장면의 친근한 분위기이므로 소형 조명기를 사용하는 마지막 조명 방법을 택하기로 하는데 이러한 방법은 많은 조명기를 설

치하게 되므로 설치 작업자체가 많고 그에 따른 전선 배치, 그리고 많은 일을 사전에 처리하기 위한 많은 작업시간이 필요하다.

다수의 소형 조명기를 이용한 이러한 조명 처리에는 네 가지의 조명기가 사용된다. 각 테이블에는 세 개의 스튜디오 듀스 조명기를 사용하여 그 중 한 대의 조명기는 수직선상에서 테이블의 표면을, 그리고 나머지 두 대의 조명기는 테이블 양끝에 앉아 있는 연기자의 키라이트로 설정되었다(〈그림 5-16〉 참조).

그림 5-16 레스토랑 내부 조명의 전체 모습

한편 세트 벽면 상단에는 두 대의 스튜디오 10K 조명기와 두 대의 5K 스튜디오 조명기를 설치하여 전체 장면에 대한 강한 백라이트의 역할을 하도록 하고 그리드에 설치된 세 대의 5K 스카이팬 조명기가 4×8피트 포움코어 반사판을 향하도록 하여 레스토랑 전체 내부에 부드럽고 따뜻한 조명을 줄 수 있도록 하였다.

한편 이 장면의 전면부를 조명하기 위해 분광 장치된 한 대의 스튜디오 8K 소프트라이트와 주연 연기자가 앉아 있는 테이블의 키라이트 역할을 하는 2K 콘라이트를 사용하였다. 특히 2K 콘라이트에는 #216 분광 필터를 장착하여 이 빛이 전체적인 부드러운 빛과 일치할 수 있도록 처리하였다. 이를 종합해 보면 전체 장면이 다소 어두운 레스토랑 내부에 부드러운 백라이트가 나타나고 있으며 이로 인한 나른한 분위기를 피하기 위해 부분적으로 약간 강한 빛을 사용하고 있는 장면이다.

6. 응접실 내부 조명

정갈한 분위기에 신선한 일광이 들어오고 있는 보험회사 응접실 내부는 두 개의 벽으로 만들었으며 한 개의 이중문이 있다. 미닫이 창문이 있는 이 문은 뒷방이 연결되어 있는 설정이다.

먼저 미닫이 창문의 커튼을 통해 들어오는 일광을 만들기 위해 스튜디오 10K 조명기를 장치하고 다시 카메라 렌즈가 포착하게 될 창문 부분을 완전히 날려 표현하기 위해 4×6피트 크기의 포움코어를 수직으로 세운 뒤 그 표면에 5K 스카이팬 조명기를 사용하여 강한 빛을 주었다. 한편 이와 비슷한 방법으로 전면의 창문을 조명하는데 이는 키라이트로 설정된 앞서의 일광 방향과 다소다르기 때문에 5K 조명기를 사용하면서 방향성을 갖지 않는 일광으로 나타나도록 창문에 트레이싱 페이퍼를 부착시켜 빛을 분광시켰다.

한편 뒤에 보이는 방은 2K 콘라이트를 사용하여 공간에 대한 전체적인 조명을 주었고 그곳에 있는 나무에는 2K와 베이비 조명기로 백라이트를 설정하였다. 그리고 5K 조명기를 엘리베이터 장치가 있는 스탠드에 장치하여 가상의 뒷방 창문에서 일광이 들어오는 상황을 연출하였다.

세트의 전면부를 조명하기 위해 4×4피트 크기의 2중 트레이싱 페이퍼를 2개의 마이티 조명기 앞에 장치하여 키라이트를 설정하였다. 그러나 이렇게 만들어진 전면부의 키라이트가 세트 안쪽 깊은 부분을 조명할 수 없으므로 추가의 베이비 베이비 조명기에 트레이싱 페이퍼를 장착시켜 열려 있는 이중문에 부드러운 빛을 보낼 수 있도록 하였다. 한편 이 공간은 전면의 창문을 통해 많은 빛이 들어오는 상황이므로 C-스탠드에 4×4피트의 포움코어 하나만을 장착하여 필라이트의 기능을 하도록 하였다. 그리고 베이비 2K 조명기로 전면부의 나무에 조명을 주었다.

그림 5-17 응접실 내부에 대한 전체적인 조명 배치

7. 여러 대의 모니터가 있는 공간 조명

이는 낮은 천장을 가지고 있는 공간을 달리를 사용하여 카메라를 이동시키면서 전체적으로 촬영하는 상황인데 이를 아늑하면서도 로우 키 조명의 어두운 분위기로 표현하는 것이다. 이 곳에는 여러 대의 모니터가 있어 그 모니터들과 조명이 균형을 이룰 수 있도록 처리해야 한다.

이를 처리하기 위해서는 먼저 모니터가 장치되어 있는 케비넷 상단을 카메라 프레임이 포착하지 않도록 한 후 캐비넷 상단에 조명기를 장치할 수 있는 나무상자를 배치하도록 한다. 먼저 나무상자에 나사로 피죤을 장치하고 짧은 암대와 헤드가 연결될 수 있도록 한다. 여기에 다시 인키 조명기들을 장치하여 장시간의 카메라 이동 동안 연기자, 컴퓨터, 모니터 등의 피사체를 각각 조명할 수 있도록 한다. 한편 스누트를 장치한 인키 조명기를 간접 천장 조명기에 연결된 수컷 삽입대의 게퍼 그립에 장착시킨다. 이 장면에서 주연 연기자의 움직임은 각 캐비넷 뒤에 숨겨져 반사광을 만들도록 장치된 조명기의 조명을 받으며, 브로드라이트를 짧은 암대에 장치하고 이를 백색 종이판에 반사시킨다.

그림 5-18 여러 대의 모니터가 있는 공간의 조명 처리

한편 실제의 책상용 램프를 사용하여 전체 장면에 포인트를 주면서 어두운 공간의 일부분을 조명하는 효과를 만들어 내며 어두운 벽면을 극적으로 처리하기 위해 제논 조명기를 사용하여 한 줄기 빛을 벽면에 만들어 넣는다.

8. 화로가 있는 금화 제작소 내부 조명

400년 전통을 이어 오고 있는 오래 된 맥시코 금화 제작소의 내부는 금을 녹이는 화로를 가지고 있어 전체 조명에 대한 충분한 동기를 제공하고 있다. 화로의 빛은 이 공간에 대한 포인트를 잘 보여 주고는 있으나 촬영하고자 하는 전체 공간에 충분한 조명을 만들어 낼 수는 없으며 특히 오랜시간 동안 연기와 그을음으로 인해 검게 변한 벽을 나타내기 위해서는 추가 조명을 필요로 한다.

먼저 화로를 나타내기 위해 카메라 프레임 바깥으로 화로가 위치한 벽에 $\frac{1}{2}$ CTO와 금색 젤라틴 필터를 장치한 2K 개방형 마이티 조명기 한 대를 설치하였다. 한편 카메라 좌측에는 1K 베이비 조명기를 필라이트로 설정하였고 같은 위치에 개방형 1K 조명기를 설치하여 배경 부분의 장비를 조명할 수 있도록 하였는데 이 부분을 너무 강하게 조명하여 강조할 경우 그 모습이 마치 연옥처럼 나타날 수 있으므로 배경 중간 부분의 모습이 약간 나타날 수 있도록 하였다. 그리고 배경의 깊은 부분에 위치한 벽에 개방형 1K 조명기를 사용하여 빛을 추가하여 전체 공간이 갖는 깊이감을 표현하였다.

그림 5-19 금화 제작소 내부의 조명 설정

그림 5-20 마치 화로에서 투사되는 빛이 전체 공간을 조명하는 듯한 효과를 살린 조명 설정

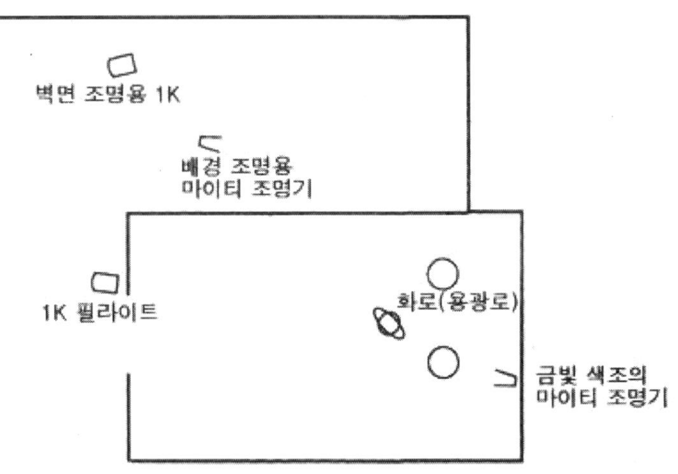

그림 5-21 금화 제작소 내부 조명 도면

9. 테니스 코트 조명

이 장면은 노출지수 400의 필름을 사용하여 F/11로 고속 촬영하는 경우이므로 이를 충족시키기 위해서 대용량의 조명기인 12K HMI 조명기 4대가 사용되고 있다.

한편 필라이트로서는 4×8피트의 포움코어 표면에 2대의 6K 조명기를 반사시켰으며 상단 필라이트로는 2대의 4K 조명기를 천장에 반사시켰다. 그리고 2대의 4K 조명기를 사용하여 코트 양끝의 커튼에 포인트를 주었다. 이렇게 기조 조명을 설정한 결과는 만족스러웠으나 키라이트에 가까운 부분의 광량이 필라이트에 가까운 부분보다 2스탑이나 더 밝은 문제를 나타내었다. 이를 해결하기 위해 필라이트 부분의 광량을 증가 시킨다면 전체의 조명 분위기가 모두 밋밋하고 밝게만 나타나므로 대신 4×4피트 프레임에 #216 분광 필터를 장착하여 키라이트 앞에 장치했으나 키라이트와 필라이트 사이의 광량 차이를 거의 조절하지 못했으며 키라이트의 광량을 지나치게 낮게 설정하는 결과를 만들었다. 따라서 프레임을 오팔 필터로 바꾸고 광선이 투사되는 가장자리 부분의 광량을 줄이기 위해 키라이트 하단으로 네트를 장치하였으나 광량을 너무 많이 줄였기 때문에 만족스러운 결과를 만들어 내지 못했다.

이러한 문제는 빛에 대한 이해가 없이는 해결할 수 없는 것으로, 반사도가 매우 높은 접시형 반사판을 장착하고 있고 밸러스트를 사용하는 제논 조명기를 제외한 모든 조명기는 광선 투사의 가장자리의 광량이 항상 적기 때문에 나타나는 현상이다. 따라서 이러한 광선 가장자리의 광량 저하를 고려하여 섬세한 조명 조절을 하는 것은 쉽지 않은 작업이다.

위와 같은 조명 환경에서 12K 조명기를 지면과 수평이 되도록 설정한 결과 코트의 반대면까지 부드러운 조명이 가능했으며 노출계의 수광부를 키라이트를 향하게 하여 측정한 결과 키라이트가 설치된 코드면에서 그 반대면까지 노출 차이가 불과 $\frac{1}{4}$스탑 이하 정도에 불과하였다. 또한 이러한 상황에서 필 라이트를 조정하여 코트 면과 면 사이의 광량 차이를 $\frac{1}{2}$스탑 정도로 유지시킬 수 있었다.

그림 5-22 대규모 공간을 위한 대용량의 조명

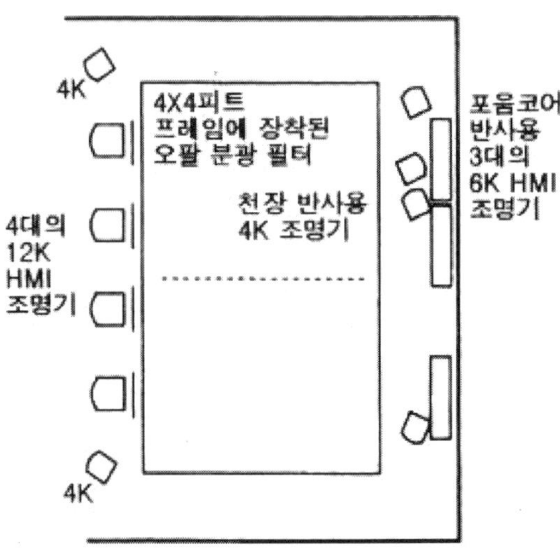

그림 5-23 테니스 코트 조명 배치

10. 대규모 도시 모형이 있는 CF 조명

거대한 머슬린 천을 배경막으로 하며 이를 조명하기 위해 그 뒤 바닥에 사이클로라마 조명기, 그리고 상단에 디머 장치가 있는 5대의 스카이팬 조명기를 설치하였다. 한

편 이 장면의 키라이트로 설정된 10K 조명기는 카메라 좌측에 자리 잡았고 이에 대한 전반적인 필라이트는 6×6피트의 그리플론에 2대의 HMI 파 조명기를 사용하였다. 한편 2대의 5K 조명기는 클로우지업 촬영 시 측면 조명을 위해 사용되었다.

그림 5-24 대형 사이클로라마를 배경으로 하는 도시모형 조명

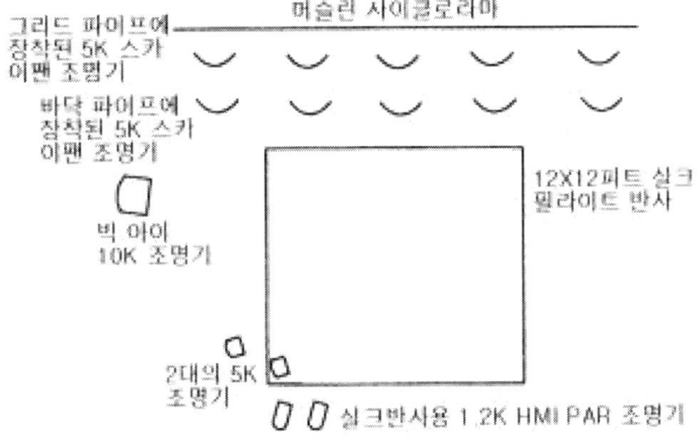

그림 5-25 도시 모형에 대한 전반적인 조명 배치

11. 권투 경기장 조명

링이 중심이 되는 체육관 내부의 장면은 1950년대의 필름 누아르(FILM NOIR)스타일을 재구성하는 경우이고 따라서 화면 속의 명부와 암부의 차이가 두드러지게 나타난다.

링의 조명에는 두 가지 조명기가 사용되는데 먼저 링 상단에 설치된 스누트 조명기는 단지 조명기라기보다 링에 사실감을 주기 위한 소품의 의미가 더 크다. 권투선수를 위한 실제의 조명기는 6개의 듀스 조명기로, 링 상단에 숨겨 설치되었다. 이들 중 4대의 조명기는 링 전체를, 그리고 나머지 2대의 조명기는 각 선수의 코너에 2배치되었으며 그것이 만들어 내는 빛을 자연스럽게 섞으면서 필라이트의 기능을 약간 수행할 수 있도록 링 상단에 스쿠프 조명기를 배치하여 그 빛이 링바닥에 반사되도록 하였으며 링 주변에는 짙은 스모크를 뿌려 두었다. 각 선수들의 코너 부근에 1대씩의 베이비 듀스를 스탠드에 장치하여 코너 장면에서 사용할 수 있도록 배치하였으며 주인공 연기자가 앉아 휴식하는 코너를 위해서는 아나운서 박스 상단에 1대의 빅 아이테너 조명기를 설치하였다. 한편 한 쪽 객석 뒤에 스튜디오 5K 조명기를 설치하여 맞은 편 관객들이 앉아 있는 공간을 일부만 조명할 수 있도록 하였다.

어두운 분위기의 권투 경기장을 표현하기 위해 사방의 관객석뒤로 트리 TREE(여러대의 조명기를 동시에 매달 수 있는 장치)를 설치하였는데 각 트리에는 4대의 6×12피트의 리코 조명기를 배치하여 그 빛이 스모크를 뚫고 강한 빛줄기를 만들어 낼 수 있도록 하였다. 또한 트리 밑에 앉아 있는 관객의 뒤편에서 강한 빛을 투사하여 관객을 실루엣으로 나타낼 수 있도록 리코 조명기 하단에 4대의 베이비 조명기를 설치하였다. 이 장면은 10일간 진행되었는데 모든 조명기에 디머를 장치함으로써 매우 편리한 작업을 할 수 있었다. 그러나 이 경우 디머보우드는 일주일에 3,000A의 전류를 처리해야 했는데 이로 인해 기계적인 문제가 발생할 수 있으므로 여분의 디머팩 준비가 필수적이었다.

12. 권투 선수 대기실 복도 조명

위와 같은 영화의 일부로서 경기장 지하의 선수 대기실 복도를 스테디캠으로 촬영하는 장면에는 많은 어려움이 있었다.

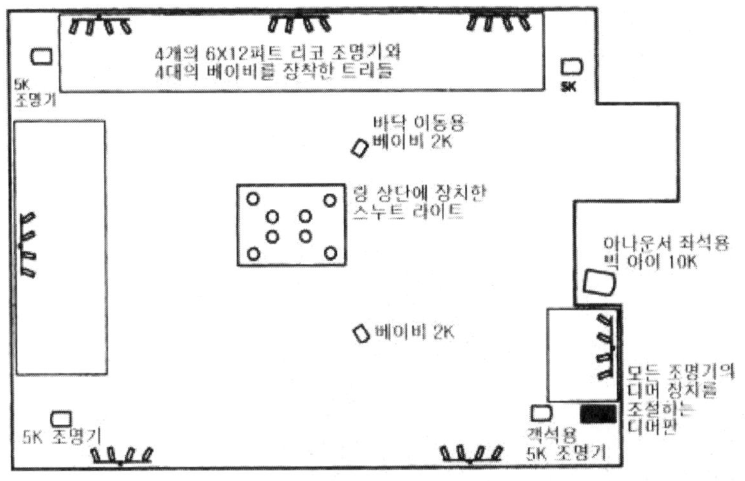

그림 5-26 권투 경기장 전체 조명 도면

그림 5-27 권투경기장 조명에 사용된 디머 보우드

그림 5-28 50년대 영화 분위기의 조명 결과

그림 5-29 대기실 복도의 권투선수와 조명 도면

이 장면에서의 주 조명기는 화면 좌측 상단에 위치한 파이프에 숨겨진 3대의 마이티 조명기였으며 그 빛이 파이프 사이를 뚫고 밑의 연기자를 위에서부터 아래로 조명할 수 있다. 한편 카메라와 가까운 공간의 조명을 위해서는 베이비 듀스 조명기를 역시 파이프 사이에 숨겨 장치하여 처리하였으며 복도에 설정되어 카메라에 포착되는 전구는 ECA 전구로 대체시키고 여기에 작은 블랙랩 조각을 사용하여 빛이 렌즈에 플레어를 만들지 않도록 차단시켰다. 복도 끝에 위치하고 있는 문가에 5K 조명기를 설치하여 반대편 벽에 빛을 투사할 수 있도록 하였다.

13. 응접실의 연사 조명

이는 많은 제작비를 투여하려 흑백 이미지로 만드는 회사 홍보 영화로서 명암의 컨트라스트를 강조하고 특히 창문을 통해 들어오는 일광 효과를 강하게 표현하고자 하는 장면이다. 이러한 일광효과를 표현하기 위해 4K 제논 조명기를 사용했으며 실내에 스모크를 뿌려 빛을 다소 부드럽게 하면서도 빛줄기가 드러나도록 처리하였다.

한편 한 대의 베이비 듀스를 설치하여 그 빛이 벽난로를 거쳐 뒤까지 나아가도록 하였으며 또한 대의 제논 조명기와 텅스텐 파 조명기로 카메라를 지나치는 연기자의 동선을 조명할 수 있도록 하였다. 전체 필라이트 중 일부는 반사판을 사용하여 만들어졌으나 대부분의 필라이트는 앞서 설정한 조명들의 자연스런 실내 반사광과 스모크로 인한 반사광으로 처리되었다.

그림 5-30 연사가 있는 응접실 조명

연기자 뒤편의 문에는 HMI 파 조명기를 설치하여 강한 빛을 투사했으며 실내의 장식용 나무에 따로 한 대의 텅스텐 마이티 조명기를 설정하였다. 연기자 뒤로 위치한 문을 통해 보이는 벽에는 한 대의 마이티 조명기를 설정하였고 카메라 좌측으로 보이는 방안을 조명하기 위해 4K HMI를 설정하였다.

그림 5-31 연사 뒤로 보이는 방을 조명하고 있는 한 대의 2.5K HMI파 조명기와 두 대의 마이티 몰

그림 5-32 창문 바깥으로 설치된 제논조명기들과 파 조명기들의 모습

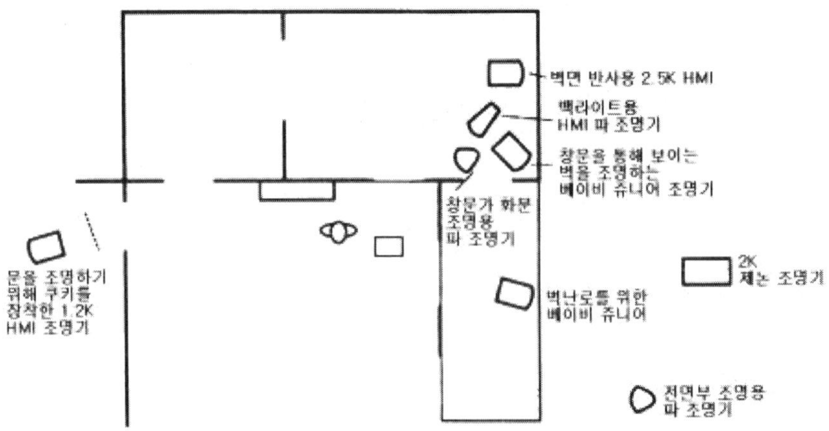

그림 5-33 응접실 공간을 위한 조명기 모두를 창문이나 문 뒤편에 장치한 조명 도면

14. 음산한 분위기의 복도 조명

이는 고등교육의 중요성을 강조하는 홍보 영화로서 텅빈 음산한 복도를 주 이미지로 과장하여 이용하였다. 복도를 따라 우측에 위치한 강의실 문 뒤로 여러 대의 6K 조명기를 설정하여 강한 빛줄기가 복도로 형성되도록 하였다.

한편 복도 우측에 위치한 코너에는 연기자의 움직임을 보여 줄수 있는 빛줄기가 필요했는데 여기에는 고딕 양식의 창문 틀을 나타내도록 포움코어를 잘라 내어 일종의 쿠키를 만들었고 그 뒤로 복도 끝에 위치한 출입구 뒤로 거대한 반사판을 설치하여 그 표면에 6K 조명기를 투사시켜 반사된 빛이 출입구를 매우 밝게 처리하도록 하였다. 또한 카메라 우측으로는 2.5K 조명기 한 대가 우측 벽에 빛을 투사하도록 하여 여기에서 반사된 빛이 연기자에 대한 필라이트의 역할을 약간 할 수 있도록 하였으나 복도에 뿌려진 짙은 스모크에 여러 빛이 반사되어 이 장면의 전반적인 필라이트의 역할을 하였다.

그림 5-34 스모크가 자욱한 복도조명

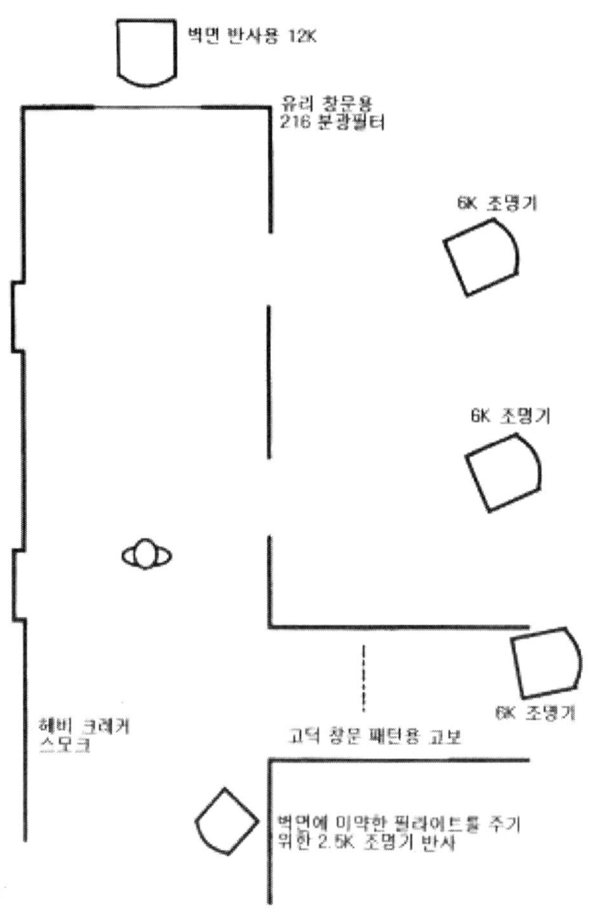

그림 5-35 스모크가 자욱한 복도조명 도면

15. 일출시의 야외 자동차 조명

자동차를 야외에서 조명하기 위해서는 넓은 공간에 대한 조명배치가 필요하다. 이 장면은 해가 뜨면서 자동차가 카메라 우측에서 광장으로 들어오는 모습이다. 이 장면에 대한 전체적인 조명에서는 일출시의 태양광이나 자동차 표면의 반짝임 등의 모습을 극적으로 나타내기 위해 추가의 인공조명이 필요하였다.1 9피트 높이에 60피트 길이를 갖는 백색 머슬린 천을 떠오르는 태양과 자동차 사이에 설치하였는데 그렇게 함으로써 먼저 떠오르는 태양빛이 천막을 비추어 자동차 측면의 표면에 깨끗한 백색선을 만들어 낼 뿐만 아니라 태양이 직접 자동차 표면에 반사되어 강한 빛의 한 점으로 나타나는 현상을 피하고 주변의 나무와 숲의 반사를 차단하는 기능을 할 수 있었다.

한편 이 머슬린 천 하단을 따라 $\frac{1}{2}$CTB 젤라틴 필터를 장치한 일련의 1K 누크 조명기들을 설치함으로써 자동차 측면 하단에 강한 선을 만들어 넣을 수 있었다. 다시 일련의 누크 조명기 하단으로 두꺼운 검정천을 설치하여 자동차 표면에 누크 조명기가 반사되는 것을 막으면서도 차체 하단에 검정색의 선을 만들어 넣을 수 있었다.

그림 5-36 일출시 광장으로 들어서는 자동차 조명

그림 5-37 소규모 비디오를 제작하기 위한 세트

그림 5-38 소규모 비디오용 세트의 전경

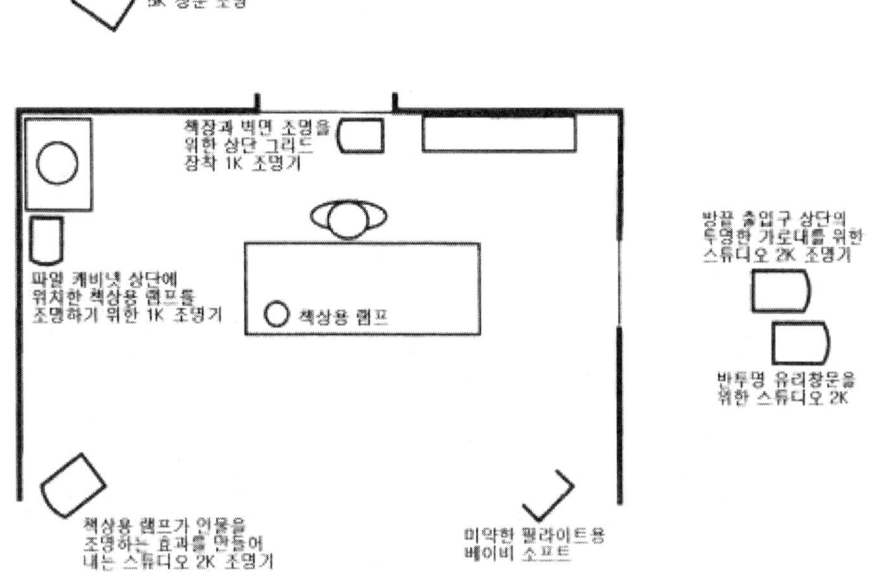

그림 5-39 소규모 비디오용 세트의 조명 도면

그림 5-40 좁은 공간을 간단히 조명하기 위해 1K 조명기로 인물을 직접 조명하고 한 대의 마이티 조명기와 포움코어로 배경을 조명하는 작업 모습

그림 5-41 금화 제작소에서 일하는 인물을 간단히 선명하게 조명하면서도 그의 특징을 부각시킬 수 있는 조명

제6장

조명팀

조명팀의 작업 환경 및 방법은 매우 표준화되어 있으므로 전에 함께 작업을 하지 않은 인원과 작업을 하더라도 팀을 이루어 조명 기법과 관련 장비를 효과적으로 운영할 수 있다.

이 장에서는 조명팀을 이루는 각 스탭의 역할과 이들이 하나의 팀을 이루어 실내외 작업을 어떻게 효과적으로 하는가를 다루었다.

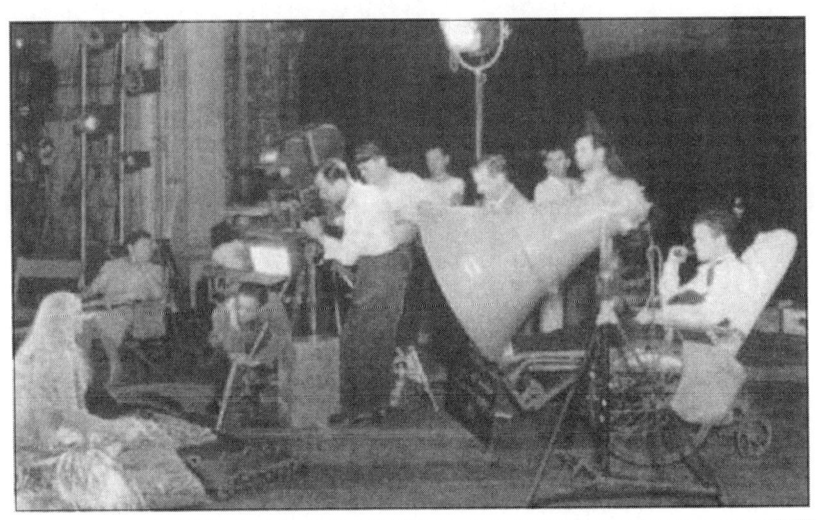

그림 6-1 시민 케인을 촬영하고 있는 오손 웰스와 그의 팀

제1절 촬영감독과 조명감독

영화제작의 형태에 따라 조명팀의 책임을 맡은 인물이 정해지곤 한다. 극영화 또는 광고영화의 경우에 촬영감독(DIRECTOR OF PHOTOGRAPHY/DP)은 감독과 상의를 계속하면서 전기관련 인원, 카메라 촬영관련 인원, 조명관련 인원에 대한 총책임을 가지며 작품을 위해 프로덕션 디자이너와 밀접한 관련을 갖는다.

감독은 렌즈의 선택, 카메라의 위치나 각도, 카메라의 움직임 등 화면 구성에 책임을 지고 있는 반면 촬영감독은 한 장면에서 의도하였던 감독의 구상으로 카메라 오퍼레이터, 카메라 조수, 카메라 이동 담당자 등과 함께 구체화시키는 일을 맡는다.

한편 한 장면에 대한 촬영감독의 구상은 게퍼 GAFFER와 조명관련 인원에 의해 구체화되는데 촬영감독 스스로가 조명의 기술적인 부분에 많은 지식을 가지고 있으면 이들 조명팀에게 특정 조명기의 사용, 조명기의 위치, 필터 처리 등 매우 세밀한 지시를 내릴 수 있을 것이다. 어떤 촬영감독은 주로 카메라와 화면 구성에 많은 관심을 가지며 촬영감독 자신이 가지고 있는 구상을 게퍼와 협의하여 게퍼의 판단에 따라 이를 구체화시키기도 한다.

물론 이들은 작업 전반에 걸쳐 깊은 관련을 가지고 있는데 일반적인 영화제작의 경우에는 촬영감독의 감독과 매우 밀접한 관련을 가지면서 영화적 이미지를 만들어 나가는 일을 맡기 때문에 한 장면의 조명에 대해 책임을 갖는 게퍼의 역할이 전체 영화제작에서 중요한 위치를 갖게 된다.

한편 비디오제작의 경우에 카메라 오퍼레이터는 비디오 카메라와 이것이 포착하는 장면에 책임을 지며 조명감독 LIGHTING DIRECTOR은 촬영하는 장면에 대한 조명에만 책임을 가짐으로써 이들 사이의 역할이 명확히 분리되어 있다. 이러한 역할 분담은 카메라 오퍼레이터가 감독과 협의하여 카메라의 움직임, 위치, 렌즈의 선택 등을 수행하고 조명감독은 카메라의 파인더를 보지 않은 채 조명에서만 그의 역할을 하는 영국 또는 일본의 작업 체제와 유사하다. 현재 영화제작이 흐름에는 영국식 작업 체제가 일부 도입되어 카메라 오퍼레이터가 카메라를 다루는 카메라 조수의 역할을 맡고 촬영감독은 오히려 조명에 관련된 역할을 맡는 경향이 있다.

한편 광고영화의 경우에는 감독/촬영기사의 관계가 중심이 되어 한 장면에 대한 연출, 광고주와의 관계, 카메라의 운용 등에 그 역할을 하고 있으며 따라서 감독과의 교감을 통해 조명을 책임지는 조명기사의 역할이 매우 커다란 위치를 차지한다. 현재에도 많은 조명기사들은 자신들의 역할에 걸 맞는 보수를 주장하고 있는 것이 현실이다.

제2절 게퍼 GAFFER 또는 조명기사

게퍼라는 명칭에 대해서는 여러 가지 멋있는 주석들이 회자되고 있는데 우선 옥스퍼드 영어 사전에 근거하면 이 용어는 16세기에 "존경받는 위치에 있는 인물" 또는 "한 집단의 장인"이라는 의미로 사용되었다. 한편 전통적으로 영화제작 현장에서의 게퍼의 의미는 촬영감독의 조명관련 사항을 실행하는 제1 조수임과 동시에 영화제작에서의 전기관련 사항에 대한 모든 책임을 갖는 인원을 의미 하였으나 오늘날에는 그들이 실제 전기관련 사항을 거의 취급하지 않고 있어 조명관련 기술자의 우두머리라는 의미를 갖는다.

게퍼는 전기관련 기사와 조명관련 조수에게 작업 지시를 하여 궁극적으로는 한 장면에 대한 촬영감독의 구상을 구체화시키는 일을 수행한다. 게퍼는 다음과 같은 책임을 가지며 광범위한 작업을 수행한다.

1. 물색된 촬영 장소에서 발생할 수 있는 조명관련 문제를 판단하며 전기 확보 등의 사항을 결정한다.

2. 촬영감독과 프로덕션 디자이너와 협의하여 작업에 필요한 조명관련 사항들을 준비한다.

3. 조명 조수들과 협의하여 조명기의 위치와 그에 따른 조명 설치 방법, 조명 성질에 대한 컨트롤 등의 일을 한다.

4. 전기관련 조수에게 조명기의 위치 그리고 각 조명기에 대한 광선 처리 등의 사항을 지시한다.

5. 한 장면에서 요구되는 노출 사항을 파악하여 조명, 조수나 전기관련 조수들에게 스파트 또는 분산광 사용 여부, 스크림 처리 여부, 플래그나 네트 설정 여부 등의 구체적인 조명 처리 방안을 지시한다.

6. 촬영/조명에서 발생할 수 있는 문제를 미리 감독이나 촬영 감독에게 제시한다. 예를 들어 연기자가 창문 가까이 이동하는 경우 과다한 노출이 나타나면 이를 감독이나 촬영감독에게 주지시킨다.

7. 함께 작업하는 촬영감독에 따라 다르겠지만 때로는 카메라의 애퍼츄어를 결정할 수 있도록 한 장면의 노출을 측정하기도 한다.

8. 촬영감독, 카메라 오퍼레이터, 카메라 조수들과 카메라의 구동 속도, 모니터의 사용 여부, HMI조명기와 카메라 구동 속도와의 싱크문제, 카메라 렌즈의 필터 처리 등의 사항을 협의한다.

9. 촬영을 하는 동안 태양광의 변화, 구름의 상황 등 조명 환경을 자세히 주목한다. 특히 촬영감독이 직접 카메라를 다루는 경우에 조명기사는 육안으로 조명 촬영감독과 게퍼가 사용하는 도구는 다음과 같다. 환경 변화에 따른 문제 포착에 더욱 예민해야 한다.

10. 일부 권위적인 촬영감독을 제외한 대부분의 촬영감독들은 데일리 또는 러쉬필름을 보는 동안 게퍼를 참석시켜 다음 작업에서의 완성도를 높이고자 노력한다.
① 입사식 노출계
② 스파트 노출계
③ 색온도계
④ 폴라로이드 카메라
⑤ 젤라틴 필터 샘플북
⑥ HMI 싱크 챠크
⑦ 18% 그레이 카드 그리고 그레이 스케일과 컬러 챠트
⑧ 뷰잉 필터
⑨ 각도계
⑩ 소형 손전등
⑪ 썬챠트

제3절 베스트 보이 BEST BOY

전기를 전담하는 베스트 보이는 모든 전기관련 인원에 대해 책임을 가지며 게퍼의 작업을 보조하는 역할을 맡는다. 그러나 베스트 보이로 활약하는 여성의 수가 증가함에 따라 일부 사람들이 이 명칭을 달갑지 않게 생각하게 되어 제2 전기 담당 SECOND

ELECTRIC또는 제1 조명 조수 ASSISTANT CHIEF LIGHTING TECHNICIAN라고 부르기도 한다. 베스트 보이의 작업 영역은 다음과 같다.

1. 전기에 관한 모든 것, 전선과 전선의 연결, 발전기와 전선의 연결, 전기 케이블 배치, 전선 부하처리, 전기관련 기자재 선택.

2. 전기관련 인원에 대한 감독, 베스트 보이는 전기관련 인원을 선발하고 그들의 작업 스케쥴을 감독, 관리한다.

3. 기자재 관리, 베스트 보이는 제작부와 협조하여 사전에 요청된 기자재들이 실제 사용 가능한가를 확인하며 관련 작업 인원과 기자재에 대한 계획을 추진한다. 베스트 보이는 현재 사용되고 있는 조명기와 사용 가능한 조명기의 현황을 파악하여 언제라도 게퍼에게 이를 보고할 수 있어야 한다.

4. 작업 공간 확보, 베스트 보이는 이상적인 작업 공간을 확보할 수 있는 준비를 하고 있어야 한다. 그리고 기자재 하적을 감독하여 이를 사용할 수 있도록 준비해야 하고 작업이 끝난 뒤에는 이들 기자재를 트럭에 안전하게 보관시켜야 한다.

대규모 영화제작의 경우에 전선 연결 등의 작업은 주로 제3 또는 제4의 전기관련 조수가 처리하며 베스트 보이는 주로 작업과 관련된 서류 작업을 하게 된다.

제4절 제3 전기 조수와 전기 기사

제 3 전기조수는 조명팀의 하사관과 같은 역할을 맡으면서 조명팀 하부를 이루고 있고 전기기사와 일용직 인부에 대한 관리 감독을 맡는다.

개방형 아크 램프를 사용하던 초기 영화제작 현장에서는 이러한 조명기에 사용되던 카본 막대를 밀어 줄 수 있는 모터가 없었으므로 전기기사가 각 아크 램프를 맡아 카본 막대를 조절하는 크랭크를 수동으로 돌려주어야만 했다. 이러한 작업은 생각과 달리 숙련된 기술이 필요하였고 이러한 작업을 하는 인원을 램프 오퍼레이터라고 부르곤 하였다.

오늘날 사용되는 예산서에도 이들에 대한 항목이 있는 경우가 있다.

1. 제3 전기 조수의 여타 책임 사항들

1. 조명관련 기자재 정비, 모든 조명관련 기자재는 언제라도 사용이 가능하도록 완벽한 준비 상태를 갖추고 있어야 한다. 모든 조명기는 반도어와 스크림을 갖추고 있어야 하며 모든 스테이지 박스는 301$\frac{1}{2}$, 4 또는 싱글 스탠딩 바이 STANDING BY를 가지고 있어야 한다.

2. 대기, 게퍼가 조명기를 요구하면 제3 조수는 조명기를, 그리고 제2 조수 즉 베스트 보이는 이에 사용할 전원을 끌어 와 즉시 사용할 수 있도록 해야 한다.

베스트 보이는 다음과 같은 도구를 항상 벨트나 주머니에 휴대해야 한다.

- 칼(여분의 칼날 포함), 나무 집게, 작업용 장갑, 6인치 크레센트 렌치, 손전등, 전압/저항 측정기(AC/DC 겸용), 정 전압 측정 테스터, 전류 측정기 AMPROBE, 일자 스크루 드라이버, 6인치 플라이어, 기록용 펜

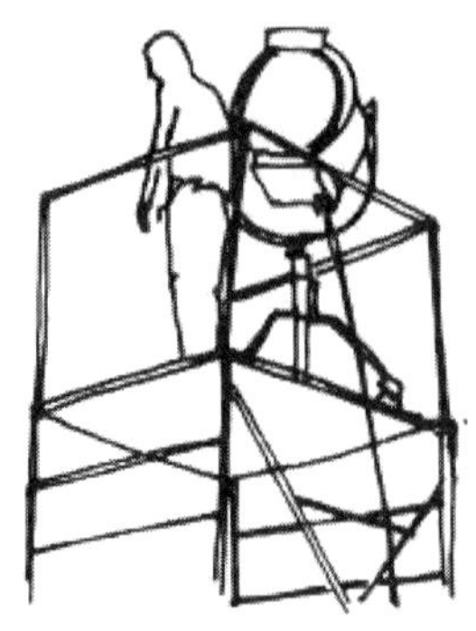

그림 6-2 스탠딩 바이 STANDING BY

한편 도구 상자에는 다음과 같은 도구들이 준비 되어 있어야 한다.

- 바이스 그립, 플라이어 세트, 필립스 스크루 드라이버 #1, #2 6각 렌치 세트, 퓨즈 제거기, 강력 큐브 탭 CUBE, TAPS, 전류 탭 CURRENT, TAPS, 3-TO-2, 검정 전기 테이프, 다양한 색의 표시용 테이프(적색, 청색, 황색, 백색, 녹색), 여분의 퓨즈(가정용, 스테이지 박스용), 강력 스테이플러, 줄자, 철사를 조이는 기구, 지프 코드 ZIP CORD

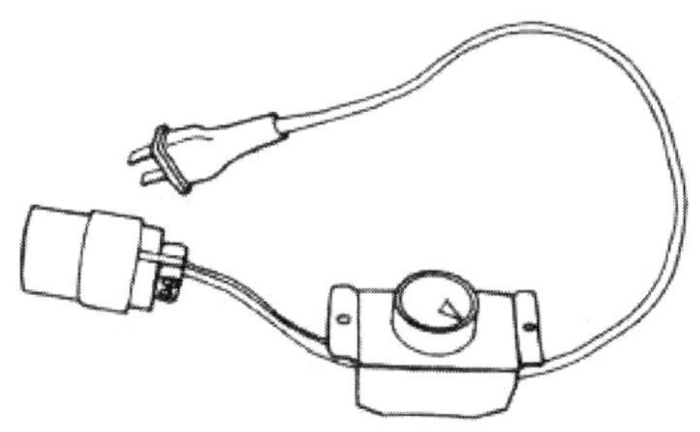

그림 6-3 간단히 사용할 수 있는 가정용 디머

제5절 키 그립 KEY GRIP

조명팀에서 매우 중요한 기능을 맡는 그립의 역할은 다음과 같다.

1. 다양한 방법을 사용하여 원하는 위치에 조명기를 설치한다.
2. 달리는 차량 장면을 위해 차량에 조명기를 설치한다.
3. 조명기에 플래그, 네트, 쿠키 등을 설치한다.
4. 조명기에 분광용 실크 천막, 버터플라이 또는 오버헤드 OVERHEAD 등을 설치한다.
5. 조명기가 아니라 창문 등에 사용하는 분광용 필터나 젤라틴 필터를 설치한다.
6. 모래주머니를 사용하여 불안한 위치의 스탠드를 견고하게 고정시킨다.
7. 작업에 사용되는 무거운 장비를 끌어올린다.
8. 작업 시 여타 팀의 인원이 해결하기 어려운 물리적인 문제들을 처리한다.
9. 사다리, 리프트, 크레인, 가위형 리프트 등을 제공한다.
10. 우천시 조명기에 비를 막을 수 있는 장치를 한다.
11. 애플 박스, 나무 막대 또는 쐐기를 사용하여 조명에 사용되는 모든 스탠드가 균형을 유지할 수 있도록 처리한다.

팀 내에 달리 그립 DOLLY GRIP이 없다면 키 그립이 달리 그립의 기능을 맡으며 조명 인원은 제2 그립과 작업을 하게 된다. 위와 같이 나열된 그립들의 역할은 금세기 전반 50년 동안에 정착된 헐리우드 작업 시스템에서 발전된 것이다. 그러나 어떤 면에서 보면 이러한 시스템은 전기관련, 그립 그리고 소품 담당 사이의 경쟁의 결과로 나타난 것이라 할 수도 있다.

한편 영국과 일본에서는 그들 나름대로의 시스템을 운용하고 있는데 조명 인원이 조명기를 설치하고 모래 주머니로 이를 고정하며 조명에 필요한 플래그나 커터를 장치하는 반면 그립은 크레인이나 풀리 PULLY와 같은 중장비를 설치하는 작업에만 참여하고 있다. 그렇게 함으로써 그립은 비교적 자유롭게 달리를 운용하고 목수와 작업을 할 수 있으며 크레인을 설치하는 등 여러 가지 중요한 역할을 할 수 있다.

그러나 미국 시스템의 경우는 이와 달리 효율성에 있어서 많은 문제를 야기할 수도 있다. 조명 인원이 조명기를 설치하고 이에 필요한 필터 처리 스크림 설치 등의 작업만을 함으로써 플래그를 약간만 움직이려 해도 그립을 불러야 하고 또다시 약간의 조정이 필요할 때에도 그립을 불러 자신이 원하는 상황을 설명하고 그립이 작업을 하는 동안 전기기사는 옆에 서서 작업을 지켜 볼 수밖에 없는 문제가 있다. 뛰어난 능력을 가진 그립은 조명 작업에서 매우 중요한 역할을 할 수 있지만 조명 인원과 함께 작업하는 대부분의 그립들은 그 중요한 역할에 비해서 비교적 낮은 평가를 받고 있다. 그들의 대부분은 카메라 지지, 달리 또는 크레인 등의 힘든 일을 할 때를 제외하고는 특별한 일이 없는 반면에 조명 인원은 조명기를 정확히 설치하는 방법은 알고 있지만 작업 시스템상 조명기를 직접 손댈 수 없기 때문에 그러한 작업을 바라보고만 있어야 하는 것이다.

1. 그립

베스트 보이가 게퍼의 조수 역할을 하듯 제 2 그립은 키 그립의 조수 역할을 한다. 그의 역할은 대부분 전체적으로 원활한 진행을 이끌어 나가는 것이기는 하지만 조명 컨트롤 및 설치, 조명기의 수평 유지, 카메라 지지 장치 설치, 크레인 설치 그리고 이와 관련한 안전관리 등의 일을 하기도 한다.

모든 그립은 다음과 같은 도구들을 가지고 다닌다.

칼과 여분의 칼날
망치
줄자(25피트)
6인치 플라이어
고정용 플라이어
고정용 띠
소켓형 렌치 세트
헥스 렌치 세트
소형 원더바
S형 훅

작업용 장갑
일자 스크루 드라이버($\frac{1}{4}$인치 3/16인치, $\frac{1}{8}$인치)
필립스 스크루 드라이버(#1,#2)
손전등
강력 스테이플러
휴대용 드릴 및 드라이월 스크루(1인치, 1$\frac{1}{2}$인치, 2$\frac{1}{2}$인치)
드릴용 날
휴대용 톱과 체인 톱
수평계
토피도우 수평계
크레센트 렌치(6인치, 8인치)
바이스 그립
체인 바이스 그립

스피드 스퀘어
WD-40 또는 실리콘 스프레이 표시용 펜
분필
젤라틴 필터 창문 장착용 스프레이
베일링 와이어
세척제
쇠톱
소형 C-클램프
카메라 지지용 쐐기
쵸크 라인
실톱
못(#16, #8)
색안경(구름 변화 관측 용도)
다양한 길이의 $\frac{3}{8}$인치 볼트(16)

제6절 세트 오퍼레이션

세트 진행 여부에 따라 같은 영화제작이라도 많은 시간적, 그리고 경제적 차이를 나타낼 수 있다. 촬영감독 또는 조명감독은 영화제작 전체의 예술적 독창성에 대한 책임을 지고 있지만 이에 대한 구체적인 작업은 주로 효율적으로 조명을 운행하는 게퍼와 그의 조수에게 할당된다.

1. 장비 하적

로케이션 촬영 시 트럭을 주차시키는 공간을 결정하는 사항은 생각처럼 간단하지 않은 중요한 일이다. 이 때 트럭은 가능하면 실제 작업 공간을 확보할 수 있어야 한다. 그러나 부주의로 영화의 장면 속에 트럭이 나타날 수도 있으므로 유의해야 하며 연출 부원에게 안전한 작업 공간을 정확히 지정해 주어야 한다. 작업에 사용하는 트럭이 다수일 경우에도 이를 모두 한 번에 관리해야 한다.

2. 작업 공간

다른 작업팀보다 먼저 현장에 도착하여 작업하기 가장 좋은 공간을 확보해야 한다. 신속한 작업 진행에 차질이 없도록 하기 위해서는 요긴하나 사소한 것들을 잘 정돈해 두고 이를 위한 공간을 확보해야 할 것이며 조명기와 스탠드 등을 위한 공간 역시 충분히 확보해야 한다. 매일 작업 내용이 다르겠지만 당일의 작업량을 예상하여 불필요하다고 판단되는 장비는 트럭에 그대로 놓아두는 것도 효과적이다.

3. 전선 연결

기본적인 전선 연결 도구, 전서 연결 클립, 쌍갈래의 연결 장치, 금속 계열의 코드, 게퍼 테이프 등은 언제나 사용할 수 있도록 베스트 보이의 가방에 들어 있어야 한다. 영화제작 인원들이 현장에 도착하자마자 베스트 보이는 먼저 발전기와 전선을 연결하기 시작하여 조명기를 테스트하거나 비디오를 설치하는 등 전기로 인한 작업 차질이 없도록 해야 한다. 조명장비 대여 회사들은 전선연결 도구나 전선을 장비 바구니 바닥에 보관하곤 한다.

4. 발전기

영화 제작 현장에서 발전기의 위치를 결정하는 일은 트럭을 주차하는 공간을 확보하는 것보다 더욱 세심한 주의가 필요하다. 발전기를 가급적 작업 공간에 가깝게 위치시켜야 전원용 전선을 신속히 배치할 수 있으며 전선 배열 길이가 짧아져 전선 길이가 길 때 생기는 전압 하강의 문제를 피할 수 있다. 그러나 발전기를 지나치게 가깝게 위치시키면 소음 처리를 한 발전기일지라도 동시녹음에 지장을 초래하는 소음을 발생시킬 수 있으므로 이 때에는 발전기를 동시녹음에 지장을 주지 않을 거리에 위치시켜야 한다. 발전기가 필요한 전력을 공급하기 위해서는 얼마간의 예열 시간이 필요하므로 실제 사용에 앞서 발전기를 가동시켜 두어야 한다. 발전기가 생산하는 전기의 전압과 크리스털 싱크를 매일 아침 점검해야 하며 작업시에는 이에 대한 사항을 규칙적으로 확인해야 한다.

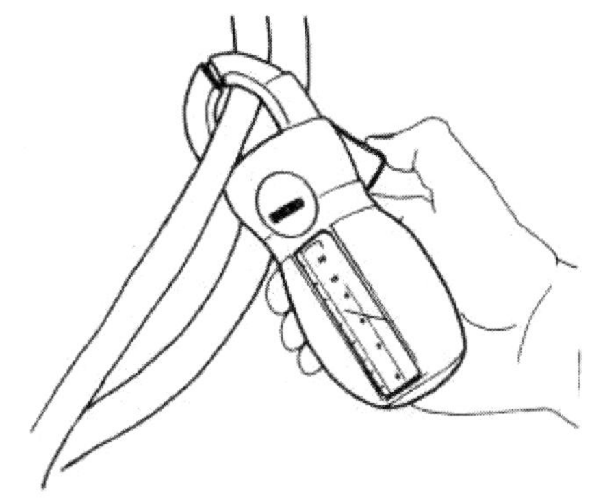

그림 6-4 전선의 부하를 확인하는 전유 측정기

5. 전선 배열

영화제작 현장을 뒤덮으며 전원으로부터 전기를 공급하는 전선들은 모두 일정한 전기를 공급하는 것은 아니고 수시로 그 상태가 변한다. 따라서 가급적이면 전원에서 직접 전기를 확보하는 것이 이상적이나 이 경우에는 전선이 촬영 장면에 포착될 수 있는 문제가 있다.

한편 전선 배열은 달리, 바퀴를 장착한 스텐드 등의 장비가 이동해야 하는 공간을 피하여 장비 이동 공간 위쪽으로 배열해야 하며 이때에는 금속성 코드를 사용한다. 전선을 배열할 때에는 사용 전선의 특성을 표시하는 색깔 표시를 확인하고 필요할 경우 이를 조정한다. 우선 육안으로 전선 커넥터와 다시 여기에 연결하여 사용할 수 있는 지선을 배치한다. 필요한 경우에는 사기 재질의 전원 커넥터를 사용하는 것이 이상적일 수 있다. 제2 조수는 각 스테이지 전원 박스의 전압을 확인하며 AC와 DC를 겸용할 때에는 이를 정확히 표기해 두어야 한다. 이러한 작업을 거친 뒤 전기 상태가 모두 안전하면 그 결과를 게퍼에게 보고한다.

6. 기초 조명 설정

사전 작업을 거치고 나면 촬영감독과 게퍼가 대강의 조명 배치 상황을 숙지하게 되므로 이에 따라 우선 조명을 신속히 설치한다. 게퍼가 조명 설치를 지시하면 조수들은 조명기를 가져오고 베스트 보이는 이에 필요한 전원을 확보한다. 그리고 그립들이 일을 이어 받아 조명에 필요한 마무리 작업 즉 조명기의 설치, 모래주머니설치, 플래그나 네트 설치 등의 일을 하게 된다.

이러한 작업에는 작업 인원간의 의사소통이 필요하다. 예를 들어 제3 조수가 "2K 조명기 점등" 이라고 외치면 베스트 보이 즉 제2 조수는 "전원 공급"이라고 응답한다. 이렇게 함으로써 각자의 작업이 중복되지 않으며 게퍼와 베스트 보이가 모든 기본 작업이 끝났음을 알 수 있게 된다. 세트에 설치된 조명기에 전원을 공급할 때에는 조명기의 반도어나 스크림 등이 빠지지 않은 완전한 상태를 가지고 있어야 한다. 또한 조명기에서 사용될 분광 장치 등도 미리 예상하여 설치해 두어야 한다.

한 조명기에 스누트가 필요할 경우, 그리고 여기에 추가하여 젤라틴 프레임이 필요한 모든 것을 준비한 후 한 번에 처리하는 것이 효과적이다. 이는 전선 배열 작업에서도 마찬가지이다. 만약 세트 위 한편에 4구용 커넥터 한 개가 필요하다면 여분으로 한 개를 더 가져가는 것이 바람직하다. 조명기에 사용하는 스크림은 따로 보관하지 말고 가능하면 항상 스크림 클립과 스크림 박스를 포함하여 조명기와 함께 보관한다. 또한 시간 여유가 있다면 조명작업에 항상 사용하는 분광 필터(216 필터)나 젤라틴 필터 등을 미리 적절한 크기로 준비하여 조명기에 장치해 두는 것이 효과적이다. 젤라틴 필터는 먼저 조명기의 반도어보다 크게 잘라 낸 후, 사용하는 반도어의 개방 상태에 맞추어 그 안으로 들어갈 수 있도록 다시 잘라 낸다.

7. 리허설

기초 조명의 설정이 끝나면 조명작업 인원들은 모두 세트에서 철수하고 감독이 연기자의 움직임을 설명하면서 리허설을 하는 동안 촬영감독과 게퍼는 이에 따른 조명 상태를 확인한다. 이 단계에서 촬영감독과 게퍼 그리고 감독은 한 장면에 대한 전체적인 조명 상태를 판단하게 된다. 만약 여기에서 부족한 부분이 나타나고 촬영감독이 이에 대한 수정을 지시하면 조종 작업이 실시된다.

8. 리허설 이후의 조명 조정 작업

리허설 이후의 조명작업에는 실제 연기자나 이를 대신할 수 있는 인물이 필요하며 특정한 무대 위의 움직임, 얼굴 표정 그리고 얼굴색에 따라 조명 수정 작업이 진행된다. 이 때 대역을 설정하여 작업을 하는 경우에는 키, 피부색, 눈가의 깊이 등이 본래 연기자의 특징과 일치하는 대역을 사용해야 한다. 만약 그렇지 못하면 많은 작업 시간이 소요된다. 이러한 작업에 대해 감독이나 유명 연기자가 인내심을 갖지 못할 수도 있는데 그들을 설득하여 작업을 진행시키는 역할은 조감독이 맡는다. 이 단계에서 스크림, 네트, 디머, 광성질 조정등의 작업이 추가되어 전체 조명의 균형을 맞추며 필요한 경우에는 플래그를 설치하여 그림자를 만들어 내기도 한다. 촬영 세트가 크거나 소란할 때에는 게퍼와 조명기의 조정을 위해 각 조명기에 배치된 조수들 또는 그립들 사이의 의사소통을 위한 수신호가 사용된다. 이때 사용하는 수신호는 다음과 같은 것들이 있다.

1. 조명을 분광 상태로
2. 조명을 스파트 상태로
3. 반도어의 개방 상태 조정

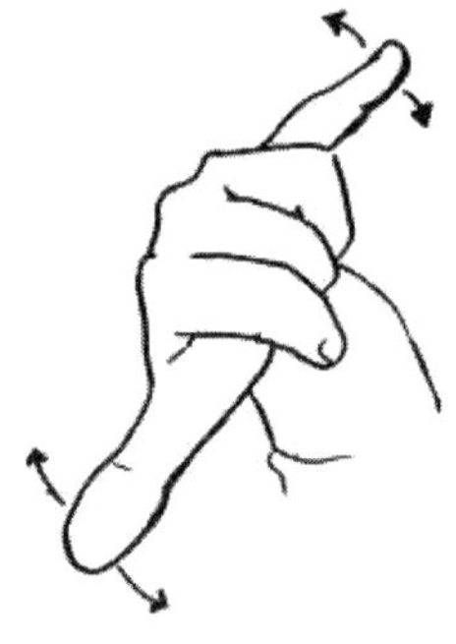

그림 6-5 "조명을 분광 상태로"

그림 6-6 "조명을 스파트 상태로"

그림 6-7 "화장실에 간다"

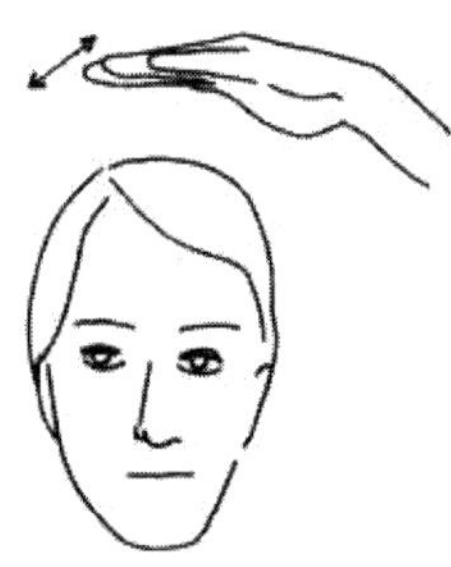

그림 6-8 "내가 세트를 떠나니 내 일을 처리해주기 바란다"

9. 조명 인원 및 조명기의 대기

연기자가 세트에 들어선 다음에도 조명 상태를 변경하거나 비상조치를 필요로 하는 상황이 흔히 있을 수 있으므로 조명 인원은 항상 대기 상태에서 준비하고 있어야 한다. 조명기 관련 퓨즈등이 끊이지는 일이 빈번히 일어날 수 있는 상황이며 이와 같이 표준화되어 있는 장비와 부품들은 미리 만약의 사태를 대비하여 항상 세트 주변에 준비해 두는 것이 바람직하다. 인키, 트위니, 베이비 등의 소형 조명기는 약 2~3개 그리고 그 밖에 흔히 사용 하는 조명기는 최소한 하나 이상의 여분을 준비해 두는 것이 바람직하다. 그리고 이들에 사용할 수 있는 스탠드, 반도어, 스크림, 분광장치 등도 함께 준비해 둔다.

10. 촬영

영화 촬영이 시작되면 게퍼와 그의 조수들의 전구가 끊어지는 등 만약에 사태에 대비해 항상 대기하고 있어야 한다. 마침내 카메라가 돌기 시작하고 별 문제 없이 6~7 테이크가 진행되고 감독이 "잘 됐습니다. 자! 한번 더 갑시다"라는 말을 하게 될 시점에 이르면 비로소 조명팀 인원들은 긴장을 풀고 잠시 쉴 수 있는 시간을 맞게 된다.

그림 6-9 그립 인원이 하는 여러가지 일과 작업 요령

제7장

조명 조절

영화 제작팀의 일부 인원을 의미하는 그립은 조명을 조절하는 작업을 의미하는 데에도 사용된다. 조명 과정에 있어서 그립 작업의 중요성은 따로 강조할 필요 없이 매우 지대하므로 이를 충분히 이해하고 다룰 수 있어야만 전문적인 조명작업이 가능하다. 이 장에서는 그립 작업에 사용되는 여러 가지 장비들, 표준 작업 방법, 세트에서의 일반적인 작업 방법 등에 대해 다루었다.

제1절 그립 작업시 흔히 사용하는 단어의 정의

베이비 BABY는 조명기에 달린 $\frac{5}{8}$인치의 스터드 STUD(수컷), 그립 장비에 달린 핀 또는 암컷 장착구를 의미하며 주니어 JUNIOR와 시니어 SENIOR는 $1\frac{1}{8}$인치 스터드(수컷) 또는 암컷 장착구를 의미한다. 이외에도 $\frac{1}{4}$, $\frac{3}{8}$, $\frac{1}{2}$인치 등의 표준 규격이 있는데 모든 그립 헤드(또는 고보 헤드)는 이들과 $\frac{5}{8}$인치 스터드를 장착할 수 있는 삽입구를 가지고 있다.

제2절 조명 조절 작업의 분담

그림 7-1 2K 삽입구와 1K 스터드를 갖추고 있는 매튜 스탠드

그립 작업은 조명기로부터 투사되는 광선을 막거나 재 반사시키고 조명기를 싸서 빛의 성질과 광량 등을 조절하는 작업이다. 조명을 조절하기 위해 어떤 장비를 조명기 자체에 부착하는 작업은 조명관련 인원의 작업에 속하며 조명기에 직접 어떤 장비를 부착하지 않고 별도의 방법(예를 들면 그립 스탠드 설치 등)을 사용한다면 이는 그립 작업에 속하게 된다.

1. 반사판

반사판은 영화제작 장비로서 오래 전부터 즐겨 사용되어 왔다. 1940년대 또는 1950년대의 소규모 웨스턴 영화는 극히 소량의 조명기만을 동원하여 제작을 하였으므로 현재는 거의 사용치 않는 '밤효과-주간 촬영' DAY-FOR-NIGHT 기법을 흔히 여기에 사용하였다.

반사판을 전통적으로 42×42인치의 크기를 갖고 있으며 한 면에는 거울처럼 반사도가 매우 높은 하드 사이드 HARD SIDE(또는 불리트 BULLET) 그리고 그 뒤쪽 면에는 비교적 반사도가 낮게 표면 처리한 소프트 사이드 SOFT SIDE(또는 필사이드 FILL SIDE)를 장치하고 있어 여기에 일광 등을 반사시켜 광선을 강하게 또는 부드럽게 처리하게 된다.

야외 촬영 시에는 태양광이 너무 강하여 명암의 대비가 뚜렷한 고 컨트라스트 상태가 나타나기 십상이다. 이 때 컨트라스트를 줄이기 위해 암부에 인공 조명을 주려면 강한 태양광에 대적할 수 있는 고광량의 아크 6K 또는 12K 정도의 조명기가 동원되어야 할 정도인데 이 때 반사판을 사용하면 이러한 문제를 간단히 처리 할 수 있다. 이 경우 반사판에서 반사되는 광량은 반사판 표면의 반사도에 의해 조절된다.

반사판 표면 재질에는 여러가지가 시판되고 있다. 가장 강한 반사광이 필요하면 거울을 사용할 수 있으나 다루기가 쉽지 않은 문제가 있다. 한편 거울 사용 시의 효과를 거둘 수 있으면서도 수송 등이 용이한 은박 처리 플라스틱도 시판되고 있다.

하드 사이드의 고반사도 반사판은 실제 거울보다 1스탑 적은 정도의 광량을 반사하며 은박지를 주로 사용하고 있다. 오래 전에는 요즈음과는 달리 실제 은판을 반사판으로 사용하여 매우 조심스럽게 취급하였다. 그립 장비 전문 생산회사인 '매튜' 는 비교적 저렴하면서도 가볍고 견고한 반사판들을 생산하고 있으며 이들 반사판은 손으로 들거나 C-스탠드에 장착하여 사용할 수 있다.

소프트 사이드 역시 은박 처리가 되어 있으나 하드 사이드에 비해 비교적 거친 표면을 가지고 있으므로 부드러운 반사광을 만들어 낸다. 표면을 금박으로 처리한 반사판은 일출과 같은 상황에서 따뜻한 느낌의 반사광을 만들어 낼 수도 있다.

반사판의 또 다른 종류인 비드보우드 BEADBOARD는 한 면에는 매우 부드러운 광을 반사할 수 있는 백색 비드보우드를, 그리고 다른 한 면에는 은박을 가지고 있다. 촬영 시 매우 유용하게 사용할 수 있으나 견고하지 못해 장시간 사용 후 반사판의 면이 휘어지는 단점이 있어 백색면은 지장이 없으나 빛의 포커스를 유지하거나 균일한 반사광을 반사해야 하는 은박면에는 커다란 약점을 갖는다.

비드보우드는 매우 유용한 반사판임은 틀림없으나 1장당 스티로포움 컵 1,000개 정도를 소비하므로 환경에 바람직하지는 않다. 매튜 사는 매우 부드러운 반사광을 위한 수퍼포스트 SUPERSOFT와 롤 상태로 판매하는 여러 가지 반사판을 시판하고 있으며 전지는 물론 6×6, 12×12 등으로 만들어 사용할 수 있다.

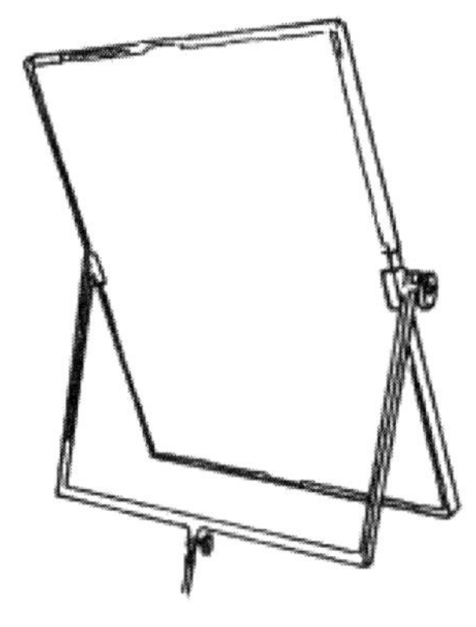

그림 7-2 표준 반사판

한편 거울을 이용하여 멋진 반사광을 구하는 방법이 있다. 값싼 거울을 구하여 이를 판에 견고하게 부착시킨 후 망치로 몇 군데를 쳐서 깨뜨리는데 이 때 거울 조각이 뒷판에 그대로 붙어 있어야 한다. 여기에 분광을 반사시키면 깨진 거울 표면 때문에 얼룩이면서 깊이감을 주는 반사광을 들어 낼 수 있으며 여기에 직사광을 반사시키면 빌딩 유리에 반사되는 빛처럼 반짝이는 반사광을 구할 수 있다.

● 반사판 사용법

반사판을 사용하는 데에는 광선의 입사각과 어떤 표면에 반사되어 튀어 나가는 관건의 반사각은 튀어 나가는 광선의 반사각은 같다는 물리적 법칙이 적용되므로 실제 반사판을 적절히 사용하기 위해서는 항상 변하는 태양의 위치에 따라 반사판의 위치도 계속 바뀌어야 한다.

한편 피사체가 빠르게 움직이는 장면을 촬영할 경우에는 각 반사판에 그립 인원 또는 조명 인원 한 사람의 배치되어 있어야 하며 두 개의 반사판이 서로 붙어 있다면 한 사람이 이들 모두를 조정할 수도 있다. 그리고 촬영을 시작하기 전에 반사판을 태양의 각도에 맞추어 움직여 보아 반사광의 포커스를 원하는 피사체에 맞추게 된다.

요즈음 생산되는 반사판은 요크 YORK 부분에 잠금 장치를 가지고 있으므로 반사판을 원하는 각도로 위치시킨 후 이를 잠가 고정시킬 수 있으므로 매우 편리하다. 반사판 취급에 대한 그 밖의 사항은 다음과 같다.

1. 반사판을 사용치 않을 때에는 항상 이를 지면과 수평이 되도록 유지한다. 이렇게 함으로써 불필요한 광선을 작업 인원들에게 비추지 않으며 바람에 반사판이 쓰러지지 않도록 할 수 있다. 한편 수평으로 반사판을 위치시킴으로써 한 장면에서 필요한 반사판의 위치와 각도를 새로 설정할 수 있게끔 상기시킨다.

2. 심한 바람이 부는 경우에 반사판을 다루는 작업 인원이 따로 배치되어 있지 않다면 반사판을 바닥에 눕혀서 보관한다.

3. 반사판이 직사 태양광을 반사하는 경우에는 매우 높은 광량의 반사광이 생기게 되므로 이 광이 작업 인원의 눈을 직접 비추는 일이 없도록 한다.

4. 촬영 도중에 반사판이 움직이면 이에 의한 반사광의 움직임이 두드러지게 나타나므로 촬영 중에는 반사판을 움직이는 일이 없도록 한다.

   태양과 반사판의 가도를 맞추기 위해 먼저 태양광의 반사광이 반사판 작업 인원

바로 앞에 형성되도록 반사판의 각도를 조정한 후 이 반사광을 원하는 위치로 투사시킨다.

반사판을 장착할 수 있는 특별한 용도의 스탠드를 반사판 스탠드라고 부르며 이 중 콤보 COMBO 스탠드는 주니어 2K 삽입구와 스탠드 다리 받침대를 갖추고 있어 어느 정도의 무게를 지탱할 수 있으며 바퀴는 가지고 있지 않다. 이를 콤보 스탠드라고 부르는 이유는 이 스탠드를 조명기 스탠드로도 사용할 수 있기 때문이다.

2. 플래그 FLAG와 커터 CUTTER

광선을 재단하여 원하는 만큼의 암부와 명부를 조절하며 불필요한 광선을 차단시키는 기능을 할 수 있으므로 조명에서 매우 중요한 위치를 차지하고 있는 플래그와 커터는 12×18인치에서 24×72인치 사이의 크기로 생산되고 있다. 이들 모두는 $\frac{3}{8}$인치 굵기의 철봉으로 만들어져 있으며 이 끝에 달려 있는 수컷의 핀은 고보 헤드 또는 그립 헤드의 암컷 삽입구에 일치한다.

플래그는 커터보다 그 모양이 정사각형에 가까우며 12×18, 18×24, 24×36, 48×48인치의 크기로 생산되며 커터는 플래그에 비해 좁은 직사각형의 모양을 가지고 있으며 10×42, 18×48, 24×72인치로 생산되고 있다. 플로피 프래그 FLOPPY FLAG는 최근에 새로 소개된 것으로서 광선을 투과시키지 않을 정도의 두꺼운 검은 천을 두겹으로 장치하고 있다. 한겹은 일반적인 플래그가 가지고 있는 광선 차단 천을 정상적으로 재봉하고 있으며 또 다른 한겹은 사각 중의 한 끝만을 재봉하고 나머지 끝부분을 벨크로(소위 찍찍이)로 플래그 프레임에 고정시키고 있다가 더 넓은 플래그가 필요한 경우 이를 떼어 내어 2배 크기의 대형 플래그의 기능을 할 수 있다.

그림 7-3 플래그와 커터

2.1 플래그의 사용

광원 즉 조명기로부터 플래그가 멀리 떨어져 위치할수록 그것이 만들어 내는 그림자 선은 더욱 선명하게 나타난다. 광선을 재단하여 그림자를 만들어 내는 데에는 조명기가 부착되어 있는 반도어를 간편히 사용할 수 있겠으나 이는 조명기의 앞부분에 고정되어 위치하고 있으므로 플래그처럼 정확한 광선의 재단이 불가능한 한계를 갖는다. 이와는 달리 조명기로부터 독립되어 위치할 수 있는 플래그는 그 크기가 허용할 수 있는 조명기와의 거리까지 떨어져 위치할 수 있으므로 광선재단에 뛰어난 효용성을 가질 수 있다.

한편 조명기에 만들어 내는 광선을 분광으로 할수록 여기에 플래그를 사용하면 더욱 선명한 그림자를 만들어 내면서 정확한 광선 재단을 할 수 있다. 반면 조명기의 광선을 스파트로 하여 프래그를 사용하면 부드럽고 그 경계가 명확치 않은 그림자를 만들어 낼 수 있으나 이러한 상태의 그림자는 조명기에 부착된 반도어를 이용하여 광선을 재단한 상태의 그림자보다는 훨씬 명확하다.

플래그를 사용하면서 더욱 정확한 광선의 재단이 필요한 경우에는 집게를 사용하여 플래그에 작은 종이판 등을 부착시키면 원하는 일부분에 작은 그림자를 추가로 만들어 낼 수 있다.

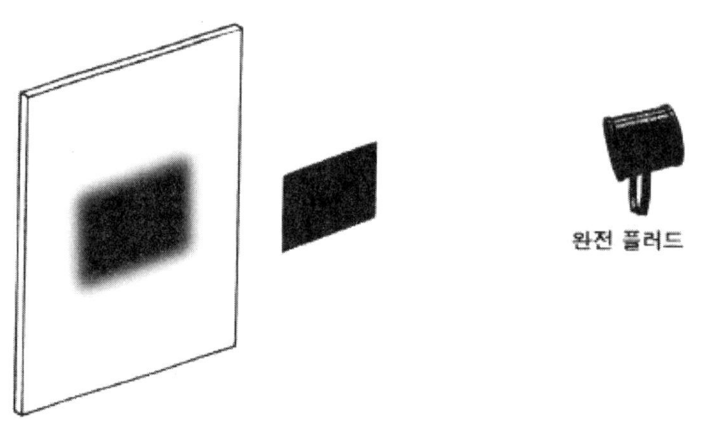

그림 7-4 광원에 플래그가 가까이 위치하면 부드러운 그림자가 나타난다.

그림 7-5 광원에 플래그가 멀리 위치하면 선명한 그림자가 나타난다.

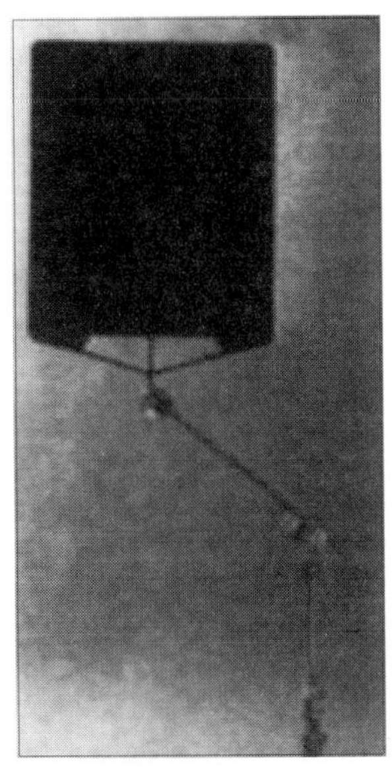

그림 7-6 고보 암에 장착된 플래그

특별한 경우가 아니면 플래그를 C-스탠드에 장착된 고보 헤드 또는 그립 헤드에 직접 연결시켜서는 안 된다. 대신 고보 헤드와 플래그 사이에 고보 암을 위치시켜 언제라도 플래그의 위치를 간단히 변경시킬 수 있도록 해야 한다. 영화관련 작업에서는 다음에 나타날 단계를 항상 예상하여 이에 미리 대비하는 것이 중요하므로 고보암을 사용하여 어떠한 상황에서도 대처할 수 있도록 미리 조치해 두는 것이 현명한 방법이다. 플래그를 싸이더 SIDER, 타퍼 TOPPER, 탑챱 TOP CHOP, 바틈 챱 BOTTOM CHOP이라고도 부르는데 이는 모두 플래그의 위치에 따른 명칭들이다.

2.2 네트

네트는 기본적으로 플래그와 같은 모양을 가지고 있으나 플래그가 광선을 차단하는 드꺼운 천으로 되어 있는 반면 이는 미세한 그물 모양의 망을 갖는 차이점이 있다. 광선을 네트에 통과시키면 그 광선이 갖는 성질(스파트 또는 분광)은 변하지 않고 광량만을 떨어뜨리는 기능을 한다. 네트는 그 표면의 그물망에 따라 싱글 SINGLE과 더블DOUBLE로 구분이 되며(라벤더 LAVENDER라고 불리는 서드 THIRD도 있으나 이는 거의 사용하지 않는다)싱글 네트는 한 겹, 그리고 더블 네트는 일반적으로 두 겹의 그물망을 장치하고 있다.

한편 효율성을 위해 싱글과 더블은 서로 다른 색의 재봉선을 가지고 있는데 싱글은 백색, 더블은 적색, 그리고 실크는 금색으로 구분되어 있다. 네트 그물망 자체는 흑색, 백색 그리고 라벤더(엷은 자주색) 등을 가지고 있으나 흔히 흑색을 사용한다. 한편 싱글 네트는 원래 광량을 $\frac{1}{2}$스탑 감소시키며 더블 네트는 1스탑, 그리고 이를 겹쳐 사용할 경우에는 $1\frac{1}{2}$스탑, 라벤더는 $\frac{1}{3}$스탑 감소시키는데 이는 대강의 수치이다. 광원의 종류, 광원과 네트사이의 거리, 광선 방향에 관련된 네트 표면의 설정 각도 등에 따라 네트 사용에 따른 광량의 감소에 차이가 있으므로 네트 사용시 정확한 광량 감소를 확인하는 것이 바람직하다.

한편 플래그는 4면 모두가 철봉으로 구성되어 있는 반면 네트는 3면만을 가지고 있는 차이가 있다. 프레임 한 면을 매우 가느다란 철실을 사용하여 개방시켜 놓아 이 부분으로 인한 그림자가 피사체에 나타나지 않도록 하고 있다.

그림 7-7 네트를 사용하여 조명기의 광량을 정확히 조절하는 모습

2.2 네트의 사용

네트의 그물망 표면을 광원 정면에 마주보지 않도록 약간 숙이면 그만큼 네트가 감소시킬 수 있는 광량이 많아질 것이며 그렇게 하여 정확한 광량 조절이 가능하다. 또한 플래그 사용 시와 마찬가지로 네트와 광원 사이의 거리가 멀수록 광량 감소 효과가 두드러지게 나타난다. 연기자가 한 광원 앞으로 다가오는 장면의 경우, 그가 조명기 앞으로 다가올수록 점차 그에게 떨어지는 광량이 증가하는 어려움이 있는데(〈그림 12-8〉 참조) 이 때 네트를 사용하여 부분적으로 조명기의 광량을 감소시킴으로써 이러한 문제를 해결할 수 있다. (〈그림 12-9〉 참조).

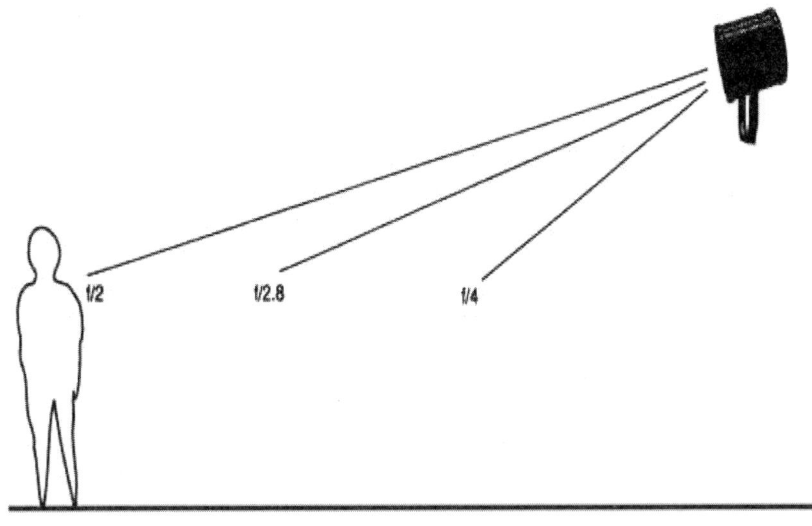

그림 7-8 연기자가 조명기 앞으로 이동하면 할수록 그에게 떨어지는 광량이 증가한다.

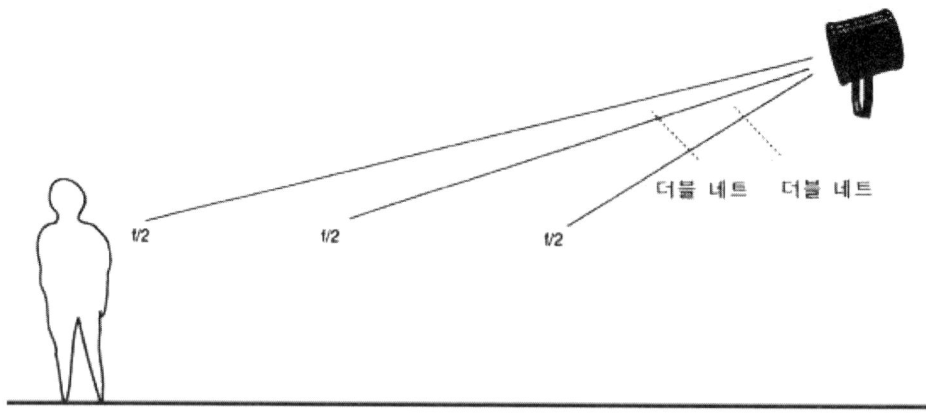

그림 7-9 연기자가 조명기 앞으로 이동하면서 증가되는 광량을 네트를 사용하여 감소시킴으로써 전체 움직임에서 균일한 광량을 유지시킬 수 있다.

한편 미세한 부분에 대한 광량을 조절하려면 네트 표면에 직접 종이 테이프를 접착시켜 사용한다. 게퍼가 싱글 또는 더블 중 하나를 요구하면 일단 두 가지 모두를 준비하는 것이 바람직하다. 게퍼의 요구가 항상 정확한 것은 아니므로 이에 대해 미리 준비하는 것이 효율적이며 이는 조명기에 사용할 수 있는 그 밖의 스크림, 분광 장치 등을 준비할 때에도 항상 여분의 장비를 마련하는 것이 바람직하다.

2.4 다트 DOT와 핑거 FINGER

매우 작은 플래그와 네트를 다트와 핑거라고 부르는데 이들은 책상 위와 같은 작은 공간 조명 시 정확한 조명 조절에 매우 유용하다. 원형의 다트는 3, 6, 10인치의 규격으로 생산되며 핑거는 일반적으로 2×12, 4×14인치의 크기를 갖고 이들을 그립 헤드에 장착하는 데 사용되는 수컷 핀은 $\frac{1}{4}$인치 규격을 갖는다. 그리고 이들 역시 싱글 네트, 더블 네트, 실크로 구분되며 플래그와 마찬가지로 빛을 완전히 차단하는 것도 있다. 조명 장치 전문 회사인 매튜는 10×12, 12×20인치 규격의 핑거를 생산하고 있으며 이들 역시 $\frac{1}{4}$인치 핀을 장치하고 있다.

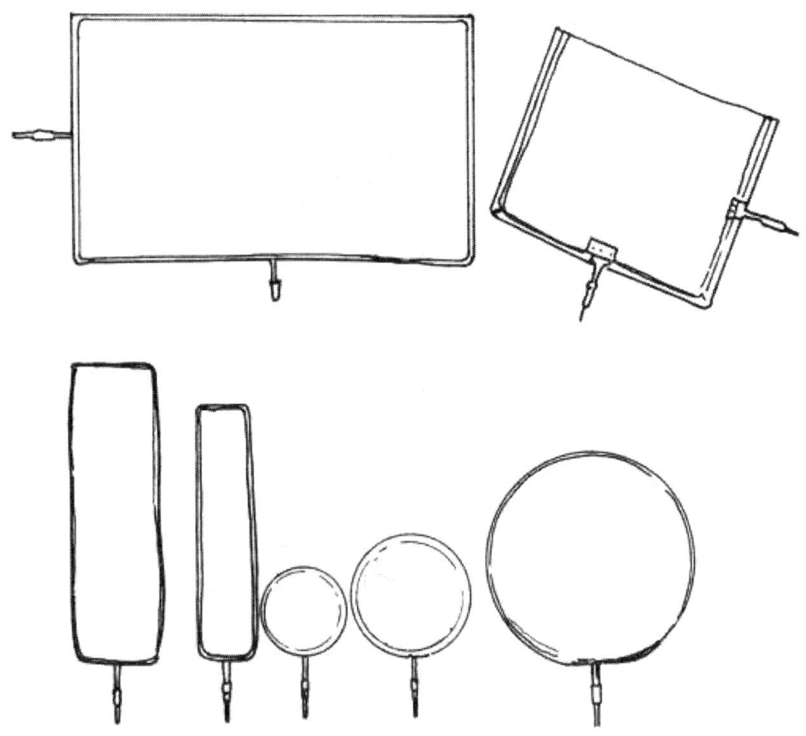

그림 7-10 다트와 핑거

2.5 개방형 프레임

여러 가지 규격으로 프레임에 아무것도 부착하지 않은 개방형 프레임은 원하는 재질을 한 프레임에 부착하여 다용도로 사용할 수 있으므로 그 효용성이 매우 높다. 일광을 분광시키려는 경우에는 오팔 프로스트 OPAL FROST, 216 분광 필터 또는 트레이싱 페이퍼 중 사용자가 원하는 것 하나를 선택하여 개방형 프레임에 장치할 수 있다. 한편 여기에 젤라틴을 장치하는 경우에는 종이 테이프를 간단히 사용할 수 있고 투명 양면 테이프인 스너트 테이프 SNOT TAPE를 사용하면 더욱 신속히 작업을 진행할 수 있다.

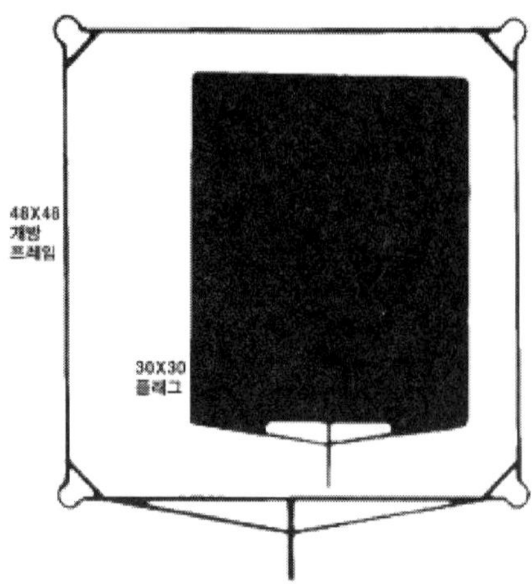

그림 7-11 30×36인치의 플래그와 4×4피트의 개방형 프레임의 모습

2.6 쿠키

쿠콜로리스 CUCOLORISDML 약칭인 쿠키 COOKIES는 그 표면에 불규칙한 패턴 모양을 가지고 있어 한 장면의 배경들에 깊이감 있는 얼룩무늬 등을 가미시키는 데에 사용된다. 이 역시 플래그 사용 시와 마찬가지로 조명기에 가까이 위치할수록 그 무늬가 흐리게 나타나고 멀리 위치할수록 짙게 나타나는 특징이 있다.

일반적인 쿠키에는 $\frac{1}{4}$인치 두께의 나무판으로 만들어진 것과 철망에 플라스틱 재질의 얼룩무늬(반투면 또는 불투면 상태)를 가미한 첼로 CELLO의 두 종류가 있으며 첼로는 나무판 쿠키보다 더욱 부드러운 무늬를 만들어 낼 수 있다.

평면에 나뭇잎 무늬, 블라인드 커튼 무늬, 스테인드 글라스 무늬, 그리고 불규칙한 일반적인 무늬 등을 갖는 모든 것을 쿠키라고 통칭하며 나뭇잎 등의 특정한 무늬를 갖는 것을 고보 GOBO라고 따로 구별하여 부르기도 한다. 스티로포움 계열의 포움코어FOAMCORE는 무늬를 잘라내기 용이하므로 이를 사용할 수도 있으나 스스로 구부러지거나 휘지 않을 정도의 지지성을 가질 수 있어야 할 것이다. 실제의 나뭇잎과 가지를 고보처럼 사용할 수도 있는데 이를 딩글 DINGLE이라고 하며 작은 가지를 1K 딩글, 이보다 큰 가지를 2K 또는 5K 딩글이라고 부른다. 이를 통칭하여 브렌첼로리스 BRENCHALORIS라 하며 나뭇가지 등이 실제 한 장면에 나타나는 경우에는 이를 스밀렉스 SMILEX 또는 레터스 LETTUCE라고도 부른다.

그림 7-12 쿠키

이 역시 플래그와 마찬가지로 조명기 또는 광원에서 멀수록 무늬가 선명히 나타나므로 만약 선명한 무늬를 구하고자 한다면 최대한 쿠키와 멀리 떨어져도 촬영에 충분한 광량을 확보할 수 있는 대형 조명기를 사용하는 것이 바람직하다. 프레널 조명기의 렌즈를 떼어 놓고 사용하면 조명기를 하나의 광원점으로 취급할 수 있으므로 이 때 쿠키를 사용하면 가장 선명한 무늬를 구할 수 있다.

2.7 그리드 GRID

그리드는 방향성이 없는 광선에 방향성을 주기 위해 정사진에서 사용되어 왔다. 벌집 모양의 허니콤 HONEY COMB 그리드는 1~2인치의 작은 구멍을 여러 개 가지고 있어 빛을 원하는 방향으로 모아 줄 수 있으며 조명 전문회사 매튜는 이를 매트그리드 MATTHGRID라고 명하여 생산하고 있다.

3. 분광장치(디퓨저 DIFFUSER)

실크라고도 불리는 분광 장치는 플래그의 표준 크기와 같은 상태로 생산되고 있으며 여기에 백색의 인공 실크 천을 부착한 것이다. 원래는 천연 실크를 사용하였으며 현재에도 차이나 실크라는 천연 실크를 주문할 수도 있지만 흔히 세탁이 쉽고 색이 바래지 않는 백색의 나일론을 사용한다.

실크는 빛의 분광은 물론 약 2스탑 정도의 광량을 감소시키나 최근 소개되고 있는 $\frac{1}{4}$스탑 실크는 이름 그대로 약 $\frac{1}{4}$ 정도의 광량 감소를 만들어 낸다.

3.1 버터플라이 BUTTERFLY와 오버헤드 OVERHEAD

프레임에 영구 부착된 실크는 일반적으로 그 크기가 4×4피트 이하이고 현장에서 조립할 수 있는 조립식 프레임에 실크를 부착시켜 사용할 수 있는 버터플라이는 이보다 더 큰 6×6피트 크기를 갖고 이다.

9×12피트, 12×12피트, 20×20피트, 20×30피트, 30×30피트 등으로 버터플라이보다 큰 크기의 실크를 오버헤드라 하며 이 역시 조립식으로 되어 있다. 버터플라이(6×6피트)는 간단히 스탠드(일반적으로 하이보이 HIGHBOY 사용) 하나만을 사용하여 설치할 수 있으나 12×12 또는 20×20 크기의 오버헤드는 그 프레임이 매우 튼튼하게 만들어져 여기에 두 개 이상의 스탠드를 지지시켜 사용한다.

각 프레임에 사용하는 실크의 크기는 그 각각의 프레임 크기와 일치하나 실제로는 이보다 약간 작다.

이들을 구입할 때에는 실크는 물론 같은 크기의 흑색 천, 싱글 및 더블 네트 등을 함께 구입하면 하나의 프레임을 여러 가지 상황에서 사용할 수 있고 백색 옥양목과 실크 대신 사용하면 매우 강한 분광 효과 또는 반사 효과에 효과적으로 사용할 수 있다.

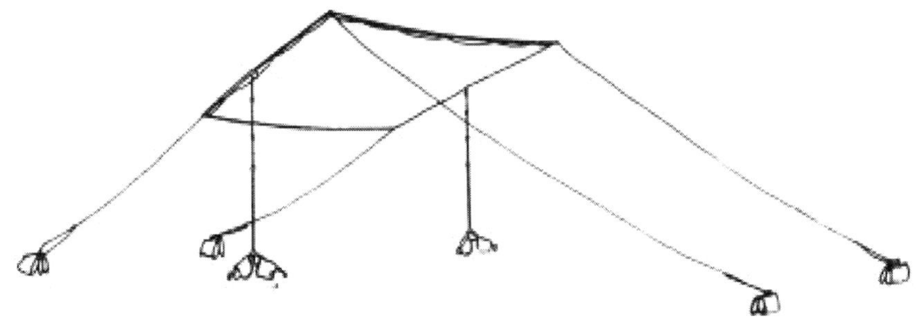

그림 7-13 20×20피트 크기의 오버헤드 설치

한편 12×12피트 그리고 20×20피트 크기의 프레임을 설치하려면 최소 2개 이상의 하이보이가 필요하며 20×20피트의 프레임은 생각보다 넓은 범위를 처리할 수 있다. 대형 실크를 설치하려면 여러 가지로 주의를 해야 한다. 그립에 대해 지식을 갖는 충분한 수의 인원과 그에 따른 적절한 보조 장비(많은 수의 모래주머니, 철선을 묶을 수 있는 장치, 강한 철선 등)를 확보해야 한다.

표 7-1 버터플라이와 오버헤드의 프레임과 실크의 크기 비교

6×6 버터플라이	5′ 8″ × 5′ 8″
12×12 오버헤드	11′ 8″ × 11′ 8″
20×20 오버헤드	19′ 8″ × 19′ 8″

3.2 오버헤드 사용시 주의사항

오버 헤드를 설치하고 난 후에도 스탠드 하나당 최소 1명의 그립이 항상 배치되어 있어야 하며 바람이 없는 상황에서 이를 이동시킬 때에도 2~3명의 추가 인원이 있어야만 오버헤드의 손상을 예방할 수 있다.

오버헤드를 선으로 고정시킬 때 가급적 선과 지면 간의 각도를 적게 하면 이를 견고하게 설치할 수 있다. 또한 오버헤드의 프레임을 받치는 하이보이 스탠드의 상

단 연장부는 가급적 올리지 않는 것이 바람직하며 이 상단부를 조이지 말고 풀어 두어 이 전체 오버헤드를 설치하면서 나타나는 뒤틀림을 흡수할 수 있도록 한다. 설치선에 그립 매듭을 사용하여 선들이 서로 팽팽히 당겨지고 재조절 될 수 있도록 한다.

먼저 100피트 길이의 선을 준비하고 선의 중심을 찾아 이를 프레임의 한쪽 코너에 묶어둔다. 이 때 여분의 선은 말아서 밑으로 충분한 길이를 두고 내려뜨려 두면 프레임을 수직으로 세워 설치할 때에도 언제든지 선을 확보할 수 있다.

지나치게 무거운 물체를 사용하여 스탠드를 고정하는 것보다는 여러 개의 모래주머니를 고여 놓아두면 언제라도 쉽게 위치를 변경할 수 있다. 그리고 이렇게 하면 선의 매듭을 조정하지 않고 모래주머니를 원하는 위치로 끌어 위치시킴으로써 간단히 일을 처리할 수 있다.

신발 끈을 묶는 매듭으로 오버헤드의 천을 그 프레임에 부착시킨다. 그리고 작은 나무박스(소위 애플박스)를 여러 개 세워 놓고 그 위에서 천을 부착하거나 떼는 작업을 함으로써 천이 땅바닥과 직접 닿는 일이 없도록 한다.

3.3 그리프 GRIFF

오버헤드에 장착시킬 수 있는 또 하나의 것으로는 내구성이 우수한 플라스틱 재질의 그리폴린 GRIFFOLYN이 있는데 이는 원래 농가용으로 생산된 것이다. 그리폴린의 백색면은 매우 높은 반사도를 가지고 있고 질기면서도 방수가 가능하다. 그리프는 4×4피트에서부터 20×20피트에 이르는 다양한 크기로 생산되고 있으며 사용자의 주문에 따라 롤로 감겨져 판매되기도 한다. 매튜는 이를 서로 접착시킬 수 있는 특수 접착 테이프와 사용자가 프레임 유무에 상관없이 언제라도 사용자 주문의 특수한 그리프를 여러 상황에서 신속히 설치할 수 있도록 하는 덕 피트 DUCK

FEET 그리프 클립 집게를 시판하고 있다. 매튜는 이를 흑백과 백색, 백색과 백색, 그리고 투명색으로 생산하고 있다(〈표 7-2〉 참조).

표 7-2 그리폴린의 종류

타입	규격	표면 처리	두께
흑/백 또는 백/백	T-55	광택	5 ㎜
투명	T-75	무광택	8 ㎜
흑/백	T-85	무광택	10 ㎜

촬영 시 매우 효과적으로 다양하게 그리프를 사용할 수 있다. 그리프를 대형 반사판으로 사용하는 것이 가장 흔한 경우로서 태양광 또는 대형 HMI 조명을 이 표면에 반사시키게 되는데 밤 장면 촬영 시 12×12피트 또는 20×20피트의 백색 그리프에 6K 조명을 반사시키면 부드러운 조명이 기능할 뿐만 아니라 촬영에 충분한 광량을 확보할 수 있다. 프레임에 장착된 흑색 그리프는 빛을 통가시키지 않는 커터의 기능을 할 수도 있고 피사체를 비추는 조명의 일부분이 반사되어 재차 피사체를 조명하는 문제를 예방할 수 있는 네거티브 필 NEGATIVE FILL의 기능도 할 수 있다.

한편 그리프는 방수 기능을 가지고 있으므로 비가 오는 경우에는 천막의 역할을 하며 촬영 시 하늘의 모습이 필요하다면 백색 표면을 약간 숙이면서 하늘이 보이도록 할 수도 있다. 이외에도 은박과 금박 그리프 또는 백색 그리프 표면에 은박과 금박을 바둑판처럼 입힌 그리플렉터 GRIFFLECTOR도 생산된다.

제3절 그립장비의 설치

1. 그립헤드

대부분의 그립장비는 무언가를 붙잡아 고정시키는 기능을 하며 가장 이상적인 그립작업은 원하는 물건을 원하는 위치에 장치시키는 것이라 할 수 있다. 이러한 목적과 작업을 위해 최근에는 많은 우수한 장치들이 소개되고 있다. 원하는 물건을 원하는 위치에 장치하는 것이 그립작업의 최우선 목적이고 그립박스는 어떤 물건을 원하는 위치에 견고하게 고정시키면서도 언제라도 조정이 가능하도록 설계된 장비를 갖추고 있다. 20세기 최고의 발명품 중 하나인 그립헤드 또는 고보헤드는 효과적이고 다양한 기능을 가지고 있어 처리가 난망한 작업에서 흔히 사용되고 있다. 그립헤드는 두 개의 누름판을 가지고 있으며 이 누름판은 $\frac{5}{8}$인치, $\frac{1}{2}$인치, $\frac{3}{8}$인치, $\frac{1}{4}$인치의 삽입구를 가지고 있다.

한편 그립헤드는 평면으로 된 장비인 포움코어, 나무판, 종이판 등을 장치할 경우 누름판 사이로 이를 삽입시켜 고정시킬 수도 있다. 또한 그립헤드는 조명기, 베이비 플레이트, 작은 나뭇가지 등 작업에 필요한 어떤 것이라도 장치할 수 있는 $\frac{5}{8}$인치 길이의 수컷 스터드 STUD인 그립 암 GRIP ARM을 장착할 수 있다. 고보 암 GOBO ARM은 그립 암과 같은 장치이지만 이는 40인치 길이를 갖는 표준 철봉에 영구 부착된 것이다. 쇼트 암 SHORT ARM은 20인치 길이의 철봉이며 중요한 주문 품목 중 하나이다. 그립헤드가 부착된 쇼트 암을 몇 개 확보하고 있으면 언제라도 이들을 유용하게 사용할 수 있다.

1.1 그립 스탠드 사용법

그립작업의 기본은 항상 오른손 법칙을 따르는 것이다. 이는 중력을 이용하여 이

힘으로 설치한 장비를 더욱 세게 조일 수 있도록 하는 것이다. 그립헤드는 마찰력을 이용하는 것이므로 시계 방향으로 조임 나사를 돌려 암대에 힘을 가하면서 동시에 중력에 의해 묶는 힘을 배가시키는 것이다. 스탠드로부터 암대를 사용하여 다소 멀리 떨어진 위치에 어떤 장비를 설치하는 경우에는 이렇게 함으로써 중력 방향으로 조임 나사를 회전시켜 이 장비를 더욱 굳게 조일 수 있는 회전력이 발생한다.

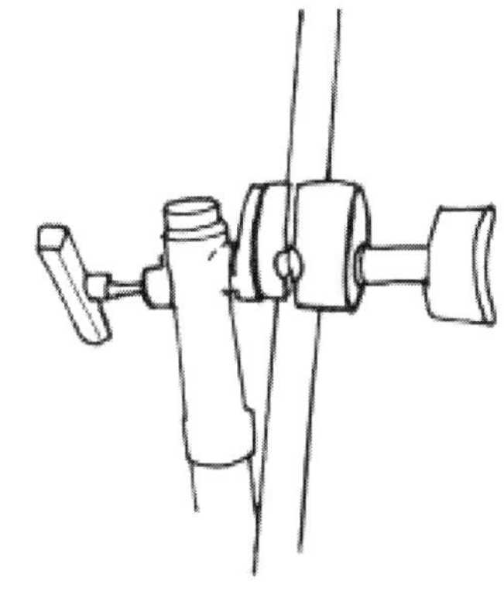

그림 7-14 그립작업에서의 오른손 법칙

만약 이러한 회전력이 시계 반대 방향으로 형성된다면 설치 장비를 조이는 힘은 중력에 의해 약화될 것이다. 그립헤드를 조임 나사로 조일 때에는 항상 이들 나사를 같은 방향으로 조일 수 있도록 한다. 그렇게 하기 위해서는 스탠드 뒤에 서서 정면의 우측에 우측 팔이 올 수 있도록 한다.

2. 클램프 CLAMP

2.1 스터드를 장착한 C-클램프

스터드를 장착한 클램프는 4~10인치의 크기로 생산되고 있으며 이는 베이비 수컷 스터드($\frac{5}{8}$인치)나 주니어 암컷 삽입구($1\frac{1}{8}$인치)를 갖는다. 이들을 사용하여 조명기나 그립헤드를 설치할 수 있으며 이를 철강 빔, 벽, 나무 등에 장치시켜 다양하게 사용할 수 있다.

2.2 C-클램프 사용법

C-클램프를 정확히 설치하면 여기에 다시 원하는 장비를 설치할 수 있다. 그러나 원하는 장비를 설치할 때 수직 축으로 무게가 걸리는 것은 바람직하지 않으므로 피하는 것이 좋다.

C-클램프를 사용하면 사용한 지점에 손상 또는 흔적을 남기므로 조임쇠 밑에 종이판 등을 삽입하여 사용하는 것이 바람직하다.

C-클램프와 여기에 설치하고자 하는 장비를 설치하였을 때에는 만약의 위험에 대비하여 안전선을 설정하여 불필요한 인원이 이곳에 접근하지 않도록 조치한다.

작업 목적에 맞는 적절한 크기의 C-클램프를 선택한다. 지나치게 큰 C-클램프에 무거운 장비를 설치하면 이를 지지하는 지지대로부터 멀리 떨어진 연장대 등이 휘거나 구부러지는 문제가 나타날 수 있고 이로 인해 사고가 초래될 수 있으므로 유의해야 한다.

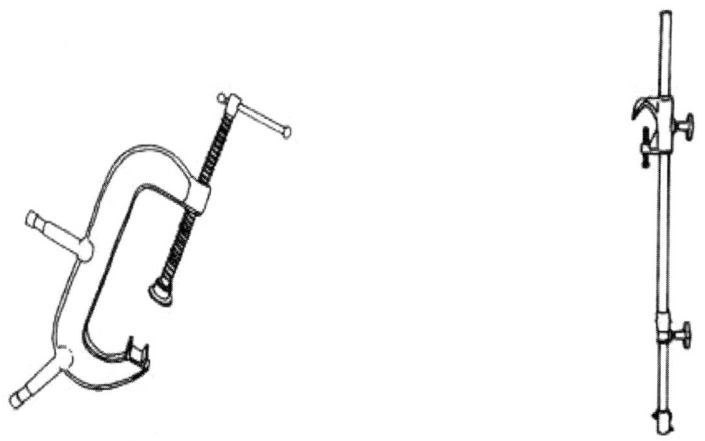

그림 7-15 수컷 스터드를 장착한 C-클램프 <그림 7-16> 조절가능한 행어

원형 파이프에 C-클램프를 설치할 경우에는 평면 조임쇠를 가진 C-클램프 대신 U자의 조임쇠를 갖는 C-클램프를 사용해야 안전한 작업을 진행할 수 있다.

2.3 막대형 클램프

C-클램프를 변형한 막대형 클램프는 1K 스터드를 장착하고 있는 다기능이며 다양한 크기로 생산되고 있으므로 C-클램프로는 불가능한 기능을 할 수 있다.

2.4 파이프 클램프

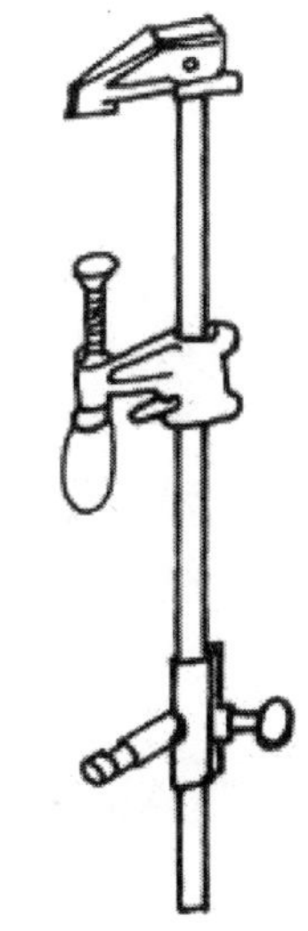

그림 7-17 막대형 클램프

파이프나 그리드에 장착하도록 만들어진 파이프 클램프는 주로 그리드를 장치하고 있는 스튜디오에서 흔히 사용되며 이러한 작업 환경에서 파이프 클램프를 사용하면 스탠드를 사용하는 대신 그리드에 조명기를 직접 연결시켜 작업을 할 수 있다.

2.5 스터드를 장착한 체인 바이스 그립 CHAIN VISE GRIP

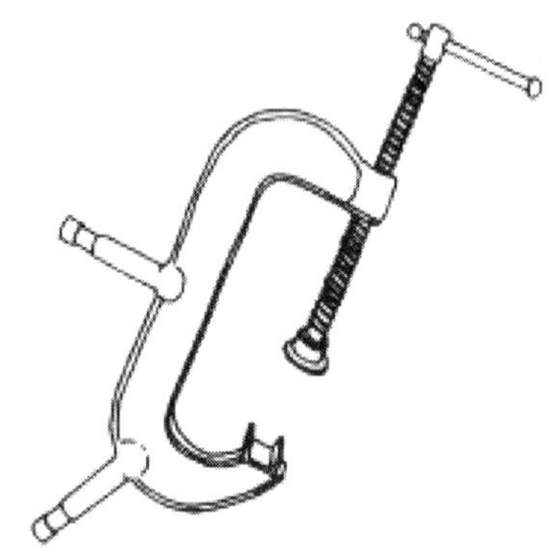

그림 7-18 수컷 스터드를 장착한 체인 바이스 그립

개인 휴대 장비인 체인 바이스 그립은 조명기를 수직 파이프, 철강 빔, 기둥 등의 공간에 설치하는 데에 사용된다. 스터드를 가지고 있지 않은 체인 바이스 그립은 주로 파이프와 파이프로 묶는 작업 시 사용되는데 이를 사용하면 크레인이나 비상 계단 등에 조명기 스탠드를 안전하게 연결시켜 장치할 수 있다. 철선이나 그 밖의 클램프를 사용할 수 없는 경우에도 매우 유용하다.

2.6 메이퍼 클램프 MAFER CLAMP

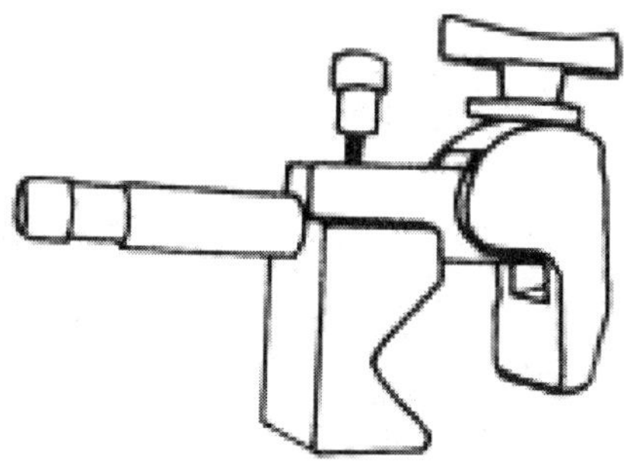

그림 7-19 메이퍼 클램프

이는 작지만 작업에 매우 유용한 장비로서, 2×4인치 크기의 어떤 것도 견고하게 고정시킬 수 있으며 교체형 스터드 장치를 가지고 있어서 소형 조명기 장치에서부터 얇은 판을 고정시키는 데에까지 다양하게 사용할 수 있다. 이를 효과적으로 사용할 수 있는 방법은 응용에 따라 수없이 많다.

· 달리 트랙의 끝 부분에 이를 장치하면 달리가 트랙 끝에서 이탈하지 않도록 예방할 수 있다.
· 메이퍼 클램프에 베이비 스터드를 장치한 후 이를 그립헤드와 연결시키면 여기에 최고 6×6피트의 프레임을 장치할 수 있다.
· 베이비 플레이트를 장치한 메이퍼 클램프는 파이프는 물론 벽면에 설치될 수 있어 여기에 작은 반사판 등을 장치할 수 있다.
· 이외에도 메이퍼 클램프를 이용하여 수없이 많은 응용 사용이 가능하다.

2.7 퀘커 QUACKER

이는 스터드를 장착한 바이스 그립에 5×6인치의 판을 장치한 것으로서 이를 사용하여 스티로 포움이나 포움코어를 큰 손상 없이 고정시킬 수 있다.

3. 벽면 플레이트, 베이비 플레이트 BABY PLATE 와 피죤 PIGEON

이들은 기술적으로 서로 다른 장비이지만 경우에 따라서는 같은 명칭으로 사용되기도 하며 이들 모두는 기본적으로 나사 구멍을 갖춘 평판이 장착된 베이비 스터드이다. 피죤을 나무판 등에 나사로 고정시키면 여기에 소형 조명기, 그립 암, 커터, 반사판, 각종 작업 소품 등을 장착하여 사용할 수 있다. 이를 응용하여 가장 흔히 사용되는 것으로서 소형 나무박스에 베이비 플레이트를 장착시킨 형태로서 이는 소형 조명기를 낮은 위치에 고정시키는 데에 자주 사용된다. 이보다 낮게 조명기를 설치하고자 한다면 이보다 낮은 나무박스를, 그리고 이보다 높게 조명기를 설치하고자 한다면 나무박스 밑에 또 하나의 박스를 고여 사용할 수 있다.

4. 2K 피존

이는 평판에 2K 암컷 삽입구를 장치한 것이며 이를 응용한 것으로는 2K 조명기(수컷 스터드를 장치하고 있는 조명기)를 낮은 위치에 설치하기 위해 3개의 낮은 다리를 가지고 있는 터틀 TURTLE이 있다. 터틀은 나사로 고정시키지 않아도 다리에 몇 개의 모래 주머니를 고정시키면 언제든지 사용할 수 있다는 장점이 있다. 이와 유사한 형태인 T형 T-BONE은 2R의 금속막대 위에 2K 암컷 삽입구를 장착하고 있으며 터틀을 사용하는 경우보다 더 낮게 조명기를 설치할 수 있고 이를 직접 벽면에 부착시킬 수도 있다. 한편 T형은 만약의 사고에 대비한 안전 체인을 갖추고 있으나 이는 T형 또는 이에 사용하는 나무박스 밑에 깔려 수평 유지에 방해가 되곤 한다. 일부 회사들은 착탈식 베이스를 갖는 C-스탠드를 생산하는데 C-스탠드의 철봉 부분을 빼내면 그 밑 부분의 다리만 남게 되고 여기에 조명기를 설치하여 터틀처럼 사용할 수도 있다. 또한 C-스탠드의 철봉 부분은 체인 바이스 그립 등으로 비상 계단 등에 직접 연결하거나 연장봉으로 사용할 수 있으므로 C-스탠드를 설치할 수 없는 좁은 공간에서 매우 유용하다.

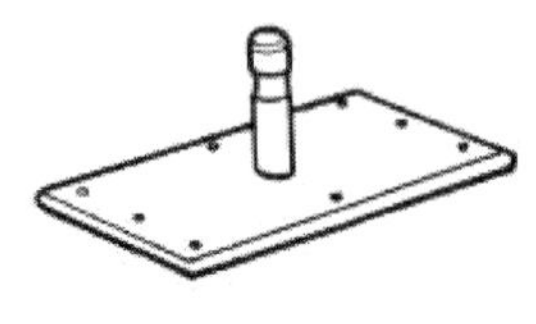

그림 7-20 1K 피존

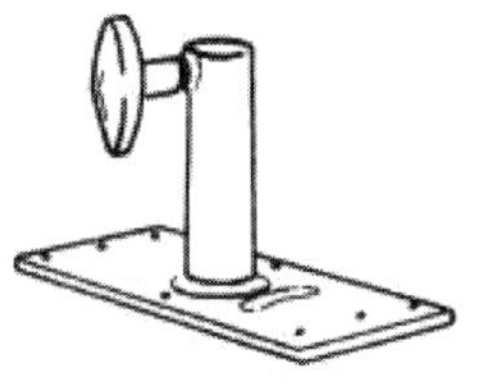

그림 7-21 2K 피존

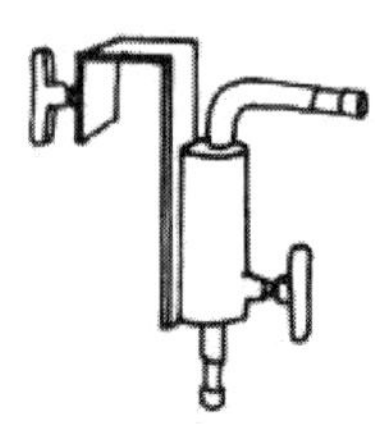

그림 7-22 크라우더 행어

5. 사이드 암 SIDE ARM과 옵셋 암 OFFSET ARM

1K와 2K를 응용한 사이드 암은 다음과 같은 두 가지 기능을 가지고 있다.

1. 조명기를 비교적 짧은 거리로 연장시킨다.
2. 어떤 높이에서라도 스탠드와 연결될 수 있으므로 조명기를 스탠드에 장착한 상태로 낮은 위치에 설치하고자 할 때 매우 유용하다.

옵셋 암은 사이드 암과 유사한 형태를 가지고 있으나 스탠드 상단 부분에 설치되는 차이를 갖고 있고 조명기를 탁자 또는 벽면으로부터 불과 몇 인치 거리 정도 더 떼어 놓으려 하는 경우에 사용된다. 한편 옵셋 암은 조명기를 밑으로 매달 수 있으므로 조명기가 탁자 등을 수직으로 비추려는 경우, 일반 스탠드로서는 불가능한 기능을 수행할 수 있다.

· 조명기를 옵셋 암 또는 사이드 암에 설치하는 경우 항상 조명기의 무게를 스탠드의 다리가 지탱할 수 있도록 조명기와 다리 하나가 일직선 상에 놓일 수 있도록 설치한다.
· 이렇게 조명기를 설치하고 난 후에 스탠드가 쓰러지지 않도록 조명기가 향하는 반대 방향에 위치한 스탠드의 다리에 모래 주머니를 고여 놓는다.

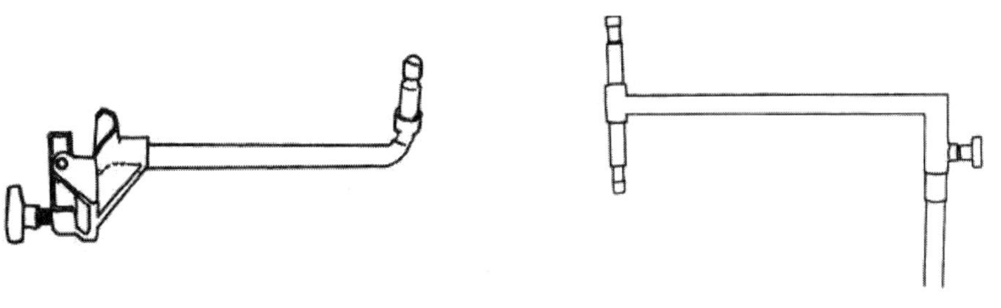

그림 7-23 사이드 암 SDE ARM　　**그림 7-24** 옵셋 암 OFFSET ARM

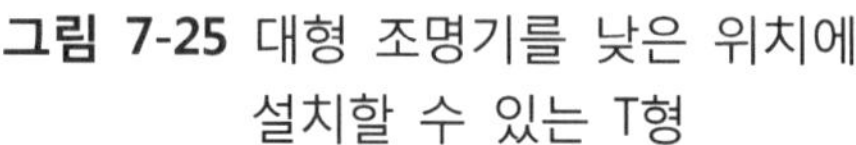

그림 7-25 대형 조명기를 낮은 위치에 설치할 수 있는 T형

그림 7-26 트리플 헤더 TRIPLE HEADER

한편 2K 수컷 스터드를 장착하고 있는 조명기를 수직으로 매달 때에는 수컷 스터드 표면의 구멍과 여기에 일치하는 암컷 삽입구의 구멍을 맞춘 후 다시 못이나 핀을 삽입하여 구부리면 안전할 뿐만 아니라 조명작업에도 아무런 불편을 초래하지 않는다.

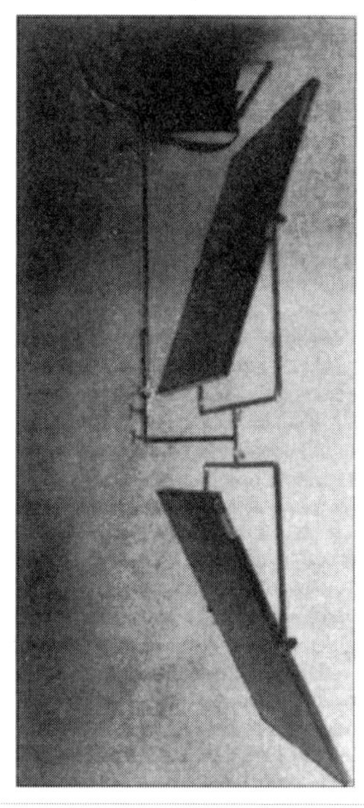

그림 7-27 옵셋 암을 사용하여 두 개의 반사판을 장착한 모습

6. 가위형 클램프 SCISSOR CLAMP

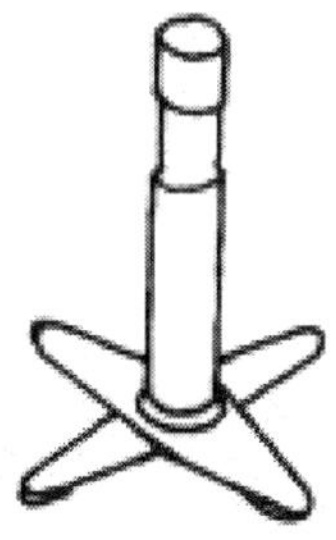

그림 7-28 가위형 클램프

천장형 클램프 DROP CEILLING CLAMP라고도 불리는 가위형 클램프는 천장의 금속 프레임에 삽입시킬 수 있으므로 신속한 작업이요구되는 상황에 매우 유용하다.

제4절 조명기의 설치

조명 스탠드 이외에 케이블이나 로프에 매달거나 특수한 철골을 이용하여 무언가를 허공에 장치하는 작업을 리그 RIG라고 하며 이는 그립 작업에서 가장 중요한 부분이기도 하다. 이 작업은 조명기 등을 연기자나 작업 인원의 머리 위에 장치함으로써 안전성, 신속성, 그리고 조절성 등 평상적인 조건은 물론 안전성까지도 충실하게 고려해야 하는 어려운 작업이다.

1. 월 스트레쳐 WALL STRETCHERS

2×4인치 또는 2×6인치의 나무봉을 눌러 이를 벽과 벽 사이에 견고하게 장치할 수 있도록 조임 나사와 누름판을 가지고 있고 이를 정확히 장치하면 꽤 넓은 폭에 다수의 조명기를 안전하게 설치할 수 있다. 월 스트레쳐는 필히 견고하고 압력을 견디어

낼 수 있는 평면에 설치하며 조임 나사가 미는 힘만으로는 안심할 수 없으므로 여기에 다시 안전을 위해 못, 나사, 또는 철선으로 정확히 설치한다. 월 스트레쳐와 비슷한 유형의 포고 스틱 POGO STICK(메쓰 폴 MATH POLE 또는 폴 캣 POLE-CAT으로도 알려져 있다)은 스프링을 장치한 알루미늄 원통을 사용하고 있으며 여러 가지 크기로 생산된다. 이는 수 피트 정도를 원하는대로 조정할 수 있으며 스프링 장치가 되어 있어 스스로 적절한 힘으로 벽면을 밀어 준다.

그림 7-29 월 스트레쳐를 벽과 벽 사이에 설치한 모습

따라서 이를 사용할 때에는 먼저 알루미늄 봉을 원하는 길이만큼 꺼낸 다음 잠금 손잡이를 돌려 벽과 벽 사이에 이를 장치한다. 잠금 손잡이를 반대로 돌리면 양끝 고무 누름판을 누르던 스프링이 해제되어 이를 떼어 낼 수 있다. 이는 월 스트레쳐 만큼의 무게를 지탱할 수는 없지만 벽 사이의 길이에 맞추어 일일이 나무를 자를 필요가 없어 매우 간편하고 경제적인 장점을 갖는다. 폴캣은 30~53, 52~96인치, 95~178인치 등의 표준 규격을 가지고 있다.

그림 7-30 12K 조명기를 철골 위에 장치한 모습

2. 철골 PARALLELS

대형 조명기나 카메라를 높게 위치시키는 데에 흔히 이용되는 철골 또는 스케폴딩 SCA-FFOLDING은 수평 다리와 바퀴로 구성되어 있으며 한 층은 각각 6×6피트로 되어 있어 쉽게 여러 층으로 쌓아 올릴 수 있다. 그러나 바퀴를 장착한 채로 3부분을 수평으로 연결하여 사용해서는 안 되며 바퀴를 사용치 않으면서 3부분을 서로 연결할 경우에도 이들을 견고한 지지대에 연결시키거나 각 부분을 서로 단단히 묶어 두는 것이 안전을 위해 바람직하다. 2부분 이상으로 철골을 연결할 때에는 이들 역시 서로 연결되어 있어야 할 것이며 1부분 위로 높이 올려 쌓아서도 안된다.

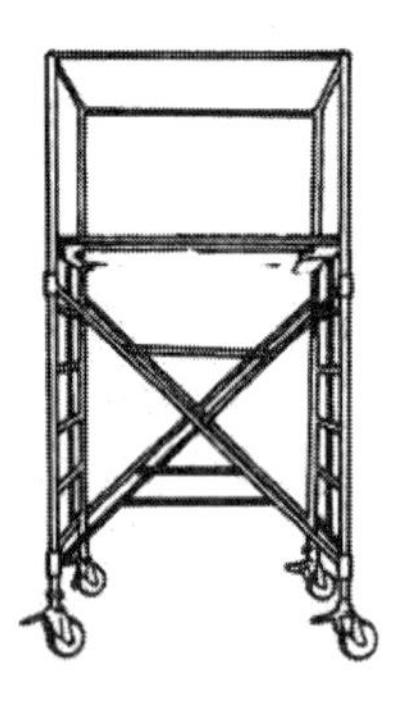

그림 7-31 철골

그림 7-32 콘도 크레인

건물 옆에 철골을 만들 경우에는 건물 벽과 철골을 연결하여 지지대 역할을 할 수 있는 스페이서 파이프를 사용한다. 대형 부분의 경우라면 안전성을 보강할 수 있도록 철선 등의 외부 보강 장치를 해 놓고 상단 부분을 고정시킬 수 있는 핸드 네일 HAND NAIL도 준비하여 사용한다. 비교적 부드러운 바닥에 철골을 세울 경우에는 이 바퀴 밑에 나무판을 깔아(최소 $\frac{3}{4}$인치) 사용한다.

제5절 고정 장치

스탠드와 하이보이를 지지하여 고정시키는 데에는 기본적인 볼트와 너트 세트가 이용된다.

1. C-스탠드

CENTURY STAND를 의미하는 C-스탠드는 그립 스탠드라고 하기도 하며 여기에 플래그, 반사판, 네트, 소형 비디오 모니터, 스테디 캠, 엘보우 등을 장치하여 매우 다양하게 응용되어 사용되므로 세트 작업 시 필수적인 장비이다. C-스탠드는 일반 조명기 스탠드와 다음과 같은 차이를 갖는다.

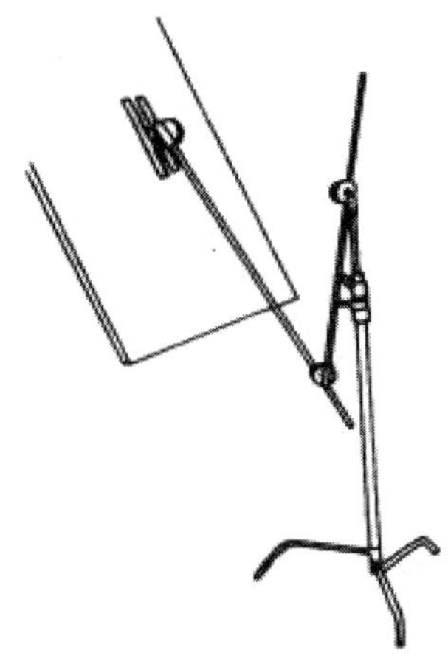

그림 7-33 C-스텐드

1. 바퀴를 가지고 있지 않다.
2. 3개의 지지 다리 중 최소 1개 이상의 키가 높은 다리를 갖고 있어 평면이 아닌 곳에 C- 스탠드를 세울 경우 여기에 모래 주머니를 장치시켜 스탠드를 안전하게 고정시킬 수 있다. 그리고 C-스탠드에 연장 암대를 사용하는 경우에는 이 암대와 높은 다리가 서로 수직선상에 위치할 수 있도록 한다.

〈그림 7-33〉 스티로포움 판을 장치하고 있는 C-스탠드의 모습. 이 판을 옆에서 조이는 경우 찢어지거나 구멍이 나는 손상을 불러일으킬 수 있으나 1K 피죤을 판의 뒷면에 강력한 접착 테이프로 붙여 아무런 손상 없이 이를 C-스탠드와 연결시키고 있다. 그림과 같이 2대의 암대를 사용하면 모든 축에 최상의 가변성을 구할 수 있다.

2. 하이보이 HIGHBOY

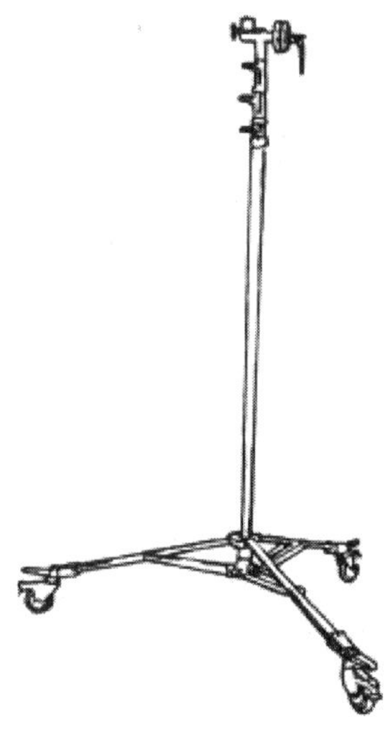

그림 7-34 하이보이

하이보이는 C-스탠드, 일반 조명기 스탠드, 콤보 스탠드가 지지할 수 없을 정도의 무게를 견디어 낼 수 있는 대형 스탠드이다. 따라서 대형 오버헤드 등을 장착할 때에는 항상 하이보이를 사용한다. 한편 하이보이는 어떤 스탠드보다 높이 올라 갈 수 있고 하이-하이 롤러 HIGH- HIGH ROLLER의 경우는 18피트 6인치까지 상승시킬 수 있으므로 매우 효과적으로 사용할 수 있다. 이를 최대한 높인 상태에서는 매우 무거운 무게를 지탱할 수는 없지만 HMI 파 조명기 정도를 일반 가옥의 2층 창문 정도 높이까지 상승시킬 수 있을 정도이다. 이와 같은 효과를 나타내기 위해서는 철골을 세우고 여기에 6K 정도의 조명기를 장착하는 데에 몇 시간이 소요되나 이를 사용하면 불과 몇 분 안에 작업을 처리할 수 있다. 하이보이는 그 끝에 $4\frac{1}{2}$인치의 점보 그립헤드와($\frac{3}{8}$인치와 $\frac{5}{8}$인치 핀을 장착할 수 있는 구멍을 갖고 있다) 2K 주니어 암컷 삽입구를 갖춘 콤보헤드를 장치하고 있다. 또한 이 콤보헤드는 영구 장착식과 착탈식 두 가지로 나뉘는데 착탈식의 경우는 그 밑 부분에 2K 수컷 스터드를 가지고 있다.

그림 7-35 2대의 하이보이가 12×12피트의 네트 그리고 하이보이 1대가 6×6피트의 네트를 장치하고 있는 모습

3. 콤보 스탠드

조명팀이나 그립팀 모두에 유용하며 반사판 스탠드로 알려져 있는 콤보 스탠드는 바퀴를 가지고 있지 않으며 2K 스탠드보다 무겁고 견고하다. 반사판을 장치하도록 설계된 만큼 바람에 강할 뿐만 아니라 다양한 장치를 설치할 수도 있다. 이를 응용하고 여기에 $4\frac{1}{2}$인치 그립헤드를 장착하여 대형 그립 스탠드로도 사용할 수 있는데 특히 바람이 많은 야외작업 시 매우 유용하다. 그리고 비탈진 곳에서도 스탠드의 수평을 유지할 수 있도록 하는 조절식 다리를 갖추고 있는 것도 있어 야외 작업에 역시 매우 유용하다.

4. 수컷 스터드 어댑터

프리스코 핀 FRISCO PIN으로 알려져 있는 스터드 어댑터는 $\frac{5}{8}$인치 삽입구의 조명기를 장착할 수 있는 2K 삽입구와 연결하여 사용할 수 있다.

5. 나무박스(애플박스)

풀사이즈 = 12×8×20인치

$\frac{1}{2}$ 사이즈 = 12×4×20인치

$\frac{1}{4}$ 사이즈 = 12×2×20인치

$\frac{1}{8}$ 사이즈 = 12×1×20인치(팬 케이크 라고도 부른다)

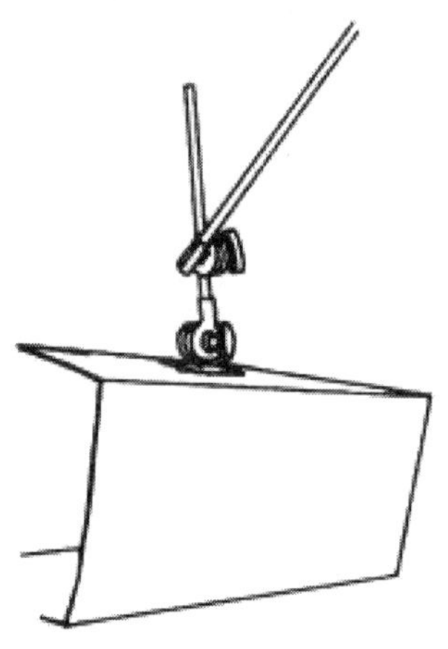

그림 7-36 쇼트 암대를 사용하여 스누트박스 SNOOT BOX를 장치한 모습

매튜는 한쪽이 개방된 상태의 $\frac{1}{2}$과 $\frac{1}{4}$ 나무박스를 바소 블록 BASSO ALOCK이 라고 하여 생산하고 있는데 이는 더욱 작게 쌓을 수 있으면서도 풀사이즈 나무박스의 기능을 모두 해 낼 수 있다. 나무박스의 넓은 면을 바닥으로 하여 낮게 놓은 상태를 #1, 좁은 면을 바닥으로 하여 높게 놓은 상태를 #2, 그리고 측면을 바닥에 놓아 가장

높게 놓은 상태를 #3라고 구별하여 부른다.

6. 모래 주머니

그림 7-37 모래 주머니

간단히 중심을 유지시키도록 조치할 수 있는 모래 주머니는 캔버스 또는 합섬 캔버스 천으로 만들어지며 그 안에 무거운 조각이 모래를 담는다. 모래 주머니는 두 부분으로 나눠어 만들어져 스탠드의 다리 위에 걸거나 로프를 장치할 수 있는 금속 링을 가지고 있다. 한편 버터플라이 주머니는 주머니의 끝과 끝을 잇는 손잡이를 가지고 있어 주머니의 두 부분이 분리될 뿐만 아니라 스탠드 다리를 쉽게 들어 올릴 수 있도록 한다. 모래 주머니는 15, 25,35,50파운드 용으로 시판되고 있다.

6.1 적절한 모래 주머니의 사용법

C-스탠드의 높은 다리 위에 모래 주머니를 올려놓아 바닥과 닿지 않게끔 하여 모래 주머니 WCP의 무게가 모두 스탠드에 걸리도록 한다. 조명기 스탠드에 모래 주머니를 장치할 경우, 스탠드의 중심 철봉 주위를 모래 주머니로 싸서 무게가 중심에 걸리도록 한다. 한편 20×20피트 크기의 프레임을 장치하는 하이보이 등의 경우에는 각 다리마다 최소 1개 이상의 모래 주머니를 장치시킨다. 바퀴 잠금 장치를 갖고 있지 않은 바퀴형 스탠드의 경우, 바퀴 위에 모래 주머니를 걸쳐놓아

조그만 힘에도 쉽게 스탠드가 움직이지 않도록 조치한다.

7. 계단 블록 STEP-UP BLOCK(또는 STAIR BLOCK)

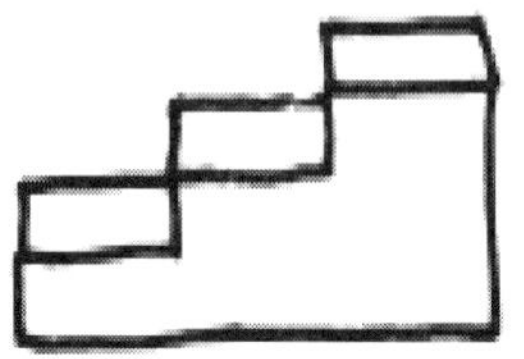

그림 7-38 계단 블록

2×4인치 크기의 세 부분을 못으로 연결시킨 간단한 구조인 계단 블록은 버팀목, 쐐기 또는 키를 높일 수 있는 간이 계단 등으로 효과적인 사용이 가능하다.

8. 나무 쐐기와 나무 판자

그림 7-39 나무 쐐기

수평과 안정성을 유지하는 데에 사용되는 쐐기는 달리 트랙을 설치하는 데에 필수적인 장치이다. 한편 건축용으로 사용되는 나무판자는 우선 쐐기보다 그 두께가 훨씬 얇으므로 달리 트랙을 설치할 때에 바닥에서의 수평 상태가 좋지 않으나 쐐기를 사용하기에는 너무 미세한 경우에 이용된다.

제6절 각종 소모품들

1. 블랙랩 BLACK WRAP

두꺼운 알루미늄 포일에 검정 코팅을 한 블랙랩은 플래그와 커터의 기능을 하면서도 접거나 원하는 상태로 구길 수도 있으며 조명기에 싸서 사용할 경우, 불필요한 빛을 차단하면서 방열의 기능을 수행한다. 그러나 블랙랩 특유의 열을 모으는 기능 때문에 플래그와 직접 접촉시켜 이를 사용하면 플래그가 탈수도 있으므로 이를 피해야 하고 조명기 전체를 블랙랩으로 모두 쌀 경우, 조명기가 발생하는 열의 냉각 순환이 차단되므로 이 역시 피해야 한다.

2. 안전 철선

허공에 장치되는 조명기, 그리고 여기에 사용되는 반도어, 스누트 등 불의의 낙하에 대비하여 안전 철선을 장치해 둔다.

3. 스티로포움 계열의 반사판 BEACBOARK

원래 건축 단열재로 사용되는 스티로포움 계열의 반사판은 작은 구슬 조직을 압축시켜 만들어진 것이다. 이 표면에 빛을 반사시키면 부드럽게 분산된 반사광을 만들어 낼 수 있으며 표면에 은박을 입힌 경우에는 좀 더 강한 반사광을 만들어 낼 수도 있다. 그러나 스티로포움 계열의 반사판은 열에 극히 약하므로 파 PAR등의 조명기를 반사판에 가까이 위치시켜 빛을 반사시키면 녹아내릴 수 있으므로 유의해야 한다.

4. 무광 스프레이 DULLING SPRAY

무광 스프레이는 금속 등의 표면 반사를 억제시켜 이로 인한 플레어 등의 문제를 예방하기 위해 사용된다. 매우 작은 피사체 또는 부분의 반사를 억제하려면 면봉에 무광 스프레이를 먼저 바르고 이 면봉으로 피사체 등의 반사 부분을 처리한다.

5. 포움코어 FOAMDORE

포움 재질에 그 앞뒷면을 백색과 백색 또는 백색과 흑색 종이로 마감한 포움코어는 스트로포움 계열의 반사판과 마찬가지로 빛을 반사하는 기능을 주로 하며 3/16인치, $\frac{1}{4}$인치, $\frac{1}{2}$인치 두께로 생산된다. 이는 스스로 지탱할 정도의 강도를 가지고 있는 반면 쉽게 자를 수 있는 장점이 있다. 한편 포움코어의 흑색면은 불필요한 빛의 반사를 차단하는 기능을 할 수 있다.

6. 접착용 게퍼 테이프와 종이 테이프

게퍼 테이프를 덕트 DUCT 테이프로 혼동하는 경우가 흔히 있으나 엄밀히 말하면 이 둘은 서로 다르다. 게퍼 테이프는 최고급 천을 바탕으로 하므로 최고의 접착력을 가지고 있다. 흔히 사용되는 2인치 폭의 회색 테이프 외에도 여러 가지 색이 있으며 1인치 폭의 게퍼 테이프를 카메라 테이프라고 부른다. 게퍼 테이프를 조명기나 스탠드에 장시간 붙여둔 채로 방치하면 끈적이가 생기므로 사용 후 즉시 떼는 것이 바람직하다. 따라서 젤라틴 필터를 말아서 보관할 경우에는 접착력이 지나치게 강한 게퍼 테이프 대신 종이 테이프를 사용하는 것이 좋다. 종이 테이프 매스킹 테이프라고 부르기도 하며 1인치 그리고 2인치 흑색 종이 테이프는 세트 작업에 없어서는 안 될 중요한 품목이다. 종이 테이프는 여러 가지 용도로 이용되고 있으나 특히 세 가지 용도로 흔히 쓰인다. 종이 테이프는 열이 쉽게 타거나 녹지 않으므로 뜨거운 조명기나 반도어에 직접 붙여 사용할 수 있다. 그러나 게퍼 테이프를 이러한 용도로 사용해서는 안 된다. 흑색 종이 테이프를 카메라 매트박스에 붙여 플래그나 커터가 차단하지 못한 미세한 플레어를 처리할 수 있다. 그리고 흑색 종이 테이프를 금속면 등의 반사 부위에 접착시켜 이로 인한 렌즈 플레어의 문제를 사전에 예방한다.

한편 종이 테이프를 붙인 부분이 카메라의 프레임에 포착되는 경우에는 흑색 종이 테이프보다 더 우수한 기능을 할 수 있는 포토-블랙 테이프를 사용할 수 있다.

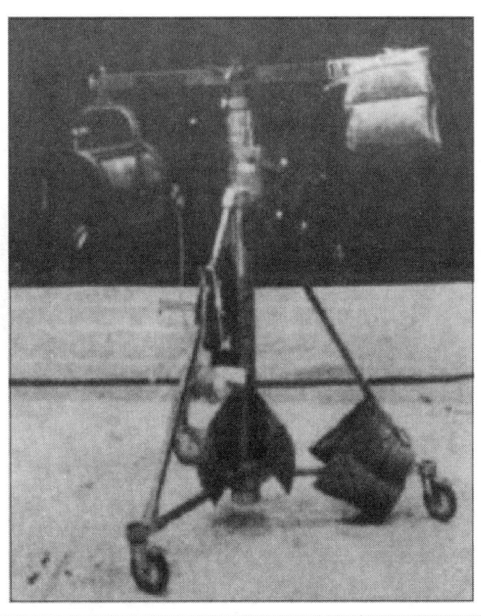

그림 7-40 옵션 베이비 5K 스탠드에 주니어 더블 헤더를 장착한 모습

7. 그립 체인 GRIP CHAIN

가벼운 금속성 체인인 그립 체인은 매우 여러 가지의 용도를 가지고 있으나 특히 스탠드를 바닥에 고정시키거나 설치한 파이프 등의 안전을 위해 사용된다.

8. 접착용 매직 테이프

스카치 매직 테이프는 접착 부분이 눈에 거의 띄지 않는 특징을 가지고 있으므로 두 개의 젤라틴 필터를 연결하고 이것이 화면 속에 나타나는 경우에 특히 유용하다(중성 농도 필터, 즉 ND필터로 창문을 처리하고 카메라가 창문을 포착하는 경우 등), 2인치 폭의 투명 J-LAR 테이프는 열에 강한 특성을 갖고 있으며 젤라틴 필터를 접합하는 데에 흔히 사용된다.

9. 로프

로프는 분광판의 실크를 장착하거나 안전용으로, 그리고 세트장에서 사용하는 물건을 장치하는 데에 유용하며 흔히 #8과 #10(#8보다 굵은 로프)을 사용한다. 무거운 장비를 설치할 경우에는 대마로 만든 로프를 사용하는 것이 바람직하다.

10. 종이판

1/16인치 두께와 32×40인치 크기의 종이판은 미술 재료로 흔히 사용되며 한쪽 면은 흑색, 다른 한쪽 면은 백색으로 처리되어 있다. 이는 포움코어처럼 강하지 않으므로 오히려 원하는 용도에 따라 자유롭게 변형시켜 사용할 수 있는 장점이 있다. 곡선을 만들어 백색 표면에 빛을 반사시켜 반사광의 방향성을 보강할 수 있으며 간단히 잘라 즉석에서 쿠키를 만들어 사용할 수도 있다. 한편 다트나 핑거를 만들 수 있으며 원하는 어느 곳에도 테이프나 스테이플러, 그리고 풀을 사용하여 간단히 장착시킬 수 있다. 또한 어느 정도 열을 견디어 낼 수 있으므로 더욱 정밀한 조명을 위해 반도어에 이를 연장시켜 사용할 수도 있다.

11. 줄

로프보다 가늘면서 구두끈의 두 배 정도 굵기를 갖는 줄은 가벼운 물건을 위한 안전선으로 사용될 뿐만 아니라 여러 가닥의 전선을 묶는 등의 작업에 유용하다.

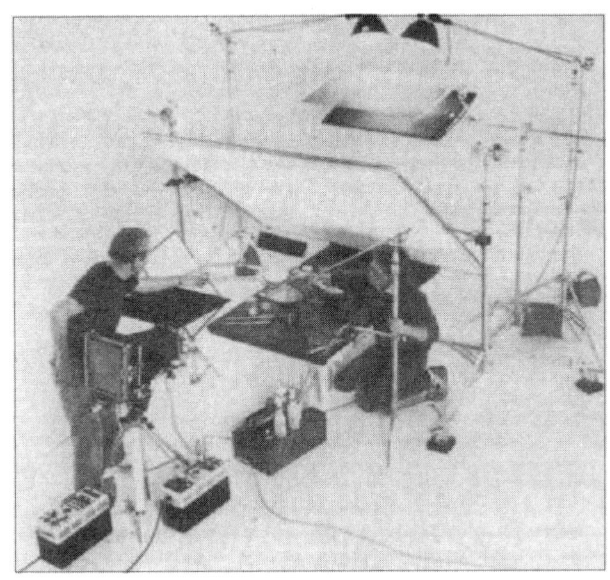

그림 7-41 사진 촬영을 위해 다양한 조명 장비가 설치된 모습

12. 비닐천

비가 올 경우 각종 장비나 세트를 비로부터 보호하기 위해 사용된다.

13. 빨래집게

나무 재질의 빨래집게는 뜨거운 조명기에 젤라틴 필터나 분광용 필터를 장착시키는 데에 매우 유용할 뿐만 아니라 종이판을 잠기 고정시키거나 작은 쐐기의 대용으로 사용되는 등 다양한 기능을 가지고 있다. 이는 C-47 또는 #2 나무집게로 통용되기도 한다.

그림 7-42 30년대 헐리우드의 작업 모습

저자소개

황 명 근
수석연구원

서울과학기술대학교 졸업(학사)
한양대학교 대학원 졸업(석사)
인하대학교 대학원 졸업(박사)
현재, 한국조명연구원 수석연구원, 부천LED조명RIS사업단장
차세대 LED조명기술인력양성센터장

■ 전문활동분야
한국조명전기설비학회 이사, 국제조명위원회 한국위원회(KCIE) 이사
대한전기학회 C분과 편수위원

■ 관심분야
신광원 및 PV응용분야, LED램프 최적설계/분석
광물성과 복사도 평가/분석, LED조명 인력양성 등

이 장 원
CEO/회장/교수

1990년 호서대학교 대학원 전기공학과 (공학석사)
2010년 동국대학교 문화예술대학원 (예술경영석사)
2010년 호서대학교 대학원 전기공학과 (공학박사)
1999년~2002년 동아방송대학 영상제작과 겸임교수
1999년~2010년 대전보건대학 방송제작과 겸임교수
2009년~2010년 청운대학교 방송연기학과 외래교수
현재 호서대학교 전기공학과 제4대 총동문회장
한국조명연구원 인력사업운영위원
(주)스타엘브이에스 회장 및 연구소장
국제대학 방송영상제작과 외래교수
한국산업기술대학교 LED공학과 외래교수
대전보건대학교 방송제작과 외래교수
기술 평가사 및 기술경영사 취득

■ 관심분야
무대방송 LED 및 식물성장용 LED
경관조명 LED 및 교회조명 LED

노 재 엽
선임연구원

호서대학교 대학원 전기공학과 졸업(석사)
호서대학교 대학원 전기공학과 졸업(박사)
전기공사기사 I급 자격증 취득
신성대학 겸임교수
현재, 한국조명연구원 연구사업부 선임연구원/팀장

■ 관심분야
조명기기 옥내환경과 조명설계
CMH램프 성능평가 및 분석
LED 성능평가 및 분석
LED조명 인력양성 등

최신 영상조명기술

지은이와 협의 인지 생략

인　　쇄 : 2010년 7월 05일
발　　행 : 2010년 7월 10일
공　　저 : 황명근 · 이장원 · 노재엽
발 행 처 : 도서출판 아진
135-010
서울시 강남구 논현동 148-19 한미빌딩 201호
TEL:02-737-0663 FAX:02-737-0664
Homepage:ajin.to
E-mail:kgb@ajin.to
발 행 인 : 김 근 배
등록번호 : 제300-1995-56호
ISBN : 978-89-5761-320-7 93560

가격 20,000원